KB251385

나를 닮은 공간을 만들다

# 나를 닮은
# 공간을 만들다

처음 집을 꾸미는 사람을 위한
홈스타일링 가이드북

이주용 강준하 김희원 지음

# 프롤로그

## 공간의 의미

공간 디자이너로 일하며 다양한 사람과 공간들을 만났습니다.
그 과정에서 분명하게 느낀 한 가지는, 공간에 각자의 정체성과 삶의 방식이 담긴다는 점입니다.

'인간은 거주하면서 존재한다'는 하이데거의 사유처럼 우리는 공간에 흔적을 남기며 살아가고 그 공간은 다시 우리에게 영향을 미칩니다. 취향과 가치관 그리고 추억이 집에 스미고 동시에 그 집에서 우리는 마음을 회복하는 것이죠.

자신만의 공간을 만들고 싶지만, 어디서부터 시작해야 할지 막막하기도 합니다. 인테리어란 '고급스럽고 멋있지만 어렵고 복잡한 것'이라는 인식 때문에 새롭게 일을 시작하는 디자이너나 일반인들에게 더 어렵게 다가오기도 하죠. 그러나 인테리어의 본질은 '머무르는 사람들에게 좋은 공간'을 만드는 일이며 그 과정은 훨씬 실용적이고 현실적인 선택의 연속으로 이루어집니다.

이 책은 그동안의 실무 경험과 노하우를 바탕으로 인테리어 스타일링 과정을 정리한 기록입니다. 적은 예산으로 변화를 주는 방법부터 공간의 기능과 분위기를 효과적으로 끌어올리는 노하우까지, 단순히 '사는 곳'이던 집을 '삶이 담기는 공간'으로 바꾸는 방법을 함께 나누고자 합니다.

화려하거나 값비싼 인테리어보다는 실생활에 도움이 되고, 예산 내에서 최대 효과를 낼 수 있는 방법들을 소개합니다. 대대적인 공사나 고가의 가구가 아니어도 적절한 선택과 조합만으로 충분히 공간은 달라질 수 있다는 점을 전하고 싶었습니다.

이 책은 순서대로 읽지 않아도 괜찮습니다. 이사를 계획 중이라면 'Part 1 홈스타일링의 기본'부터, 현재 집에 큰 불만은 없지만 분위기 전환이 필요하다면 'Part 3 홈데코 아이템'을 참고해 주세요.

홈스타일링에 정답은 없습니다. 각자의 생활 방식과 취향, 필요에 적합한 선택들이 있을 뿐입니다. 그런 과정을 거쳐 완성된 공간이야말로 공간을 이용하는 사람에게 가장 이상적인 스타일링이 아닐까요?

여러분의 집을 만들어 가는 프로젝트에서 이 책이 정답에 가까워질 수 있는 실질적인 도움이 되기를 바랍니다. 이제 당신만의 공간으로 향하는 여정을 함께 시작해 볼까요?

2026년 3월
이주영, 강준하, 김희연

# Part

1

# 홈스타일링의 기본

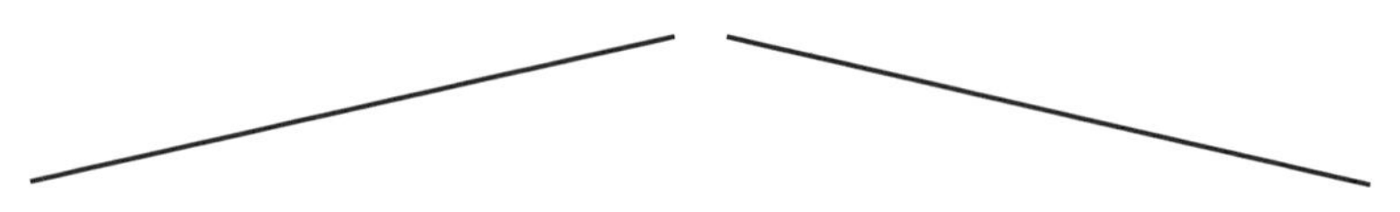

# 공간 분석 · · · · · · · · · ·

　　　　　1 홈스타일링의 기본

홈스타일링을 하기 전에 공간을 분석하는 시간을 갖는 것이 중요합니다. 앞으로 이 공간을 어떻게 사용할지 공간의 모양과 크기, 채광과 환기 구조, 각 방과 설비 부분의 위치, 구성원의 생활 패턴까지 꼼꼼하게 파악해야 합니다. 공간을 분석하지 않고 무작정 가구나 소품을 배치하게 되면 스위치나 콘센트를 사용하지 못하거나 실생활에서 불편함이 생길 가능성이 매우 높아요!

우선 자신의 라이프 스타일을 파악한 후 공간의 용도를 정하세요. 채광과 동선을 파악하고 가구를 배치하면 내가 원했던 최적의 공간을 만들 수 있어요. 이 과정을 통해 실생활의 불편함을 줄이고 공간을 효율적으로 활용하면서 공간의 아름다움까지 덤으로 얻을 수 있답니다.

## 공간 실측하는 방법과 팁

공간 실측이란 공간의 사이즈를 재는 것을 말해요. 스타일링에 있어서 가장 기본이 되는 필수 작업이죠.

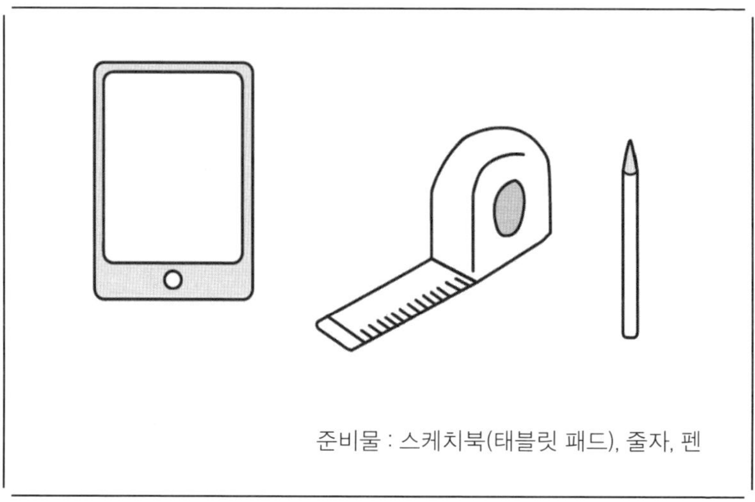

준비물 : 스케치북(태블릿 패드), 줄자, 펜

우선 공간의 구조를 스케치북이나 태블릿 패드에 미리 그려 두어야 합니다. 그래야 그 위에 사이즈를 표기할 수 있으니까요.

### + 줄자 선택

가정용으로는 보통 5m 줄자를 추천합니다. 줄자의 가로 폭은 30mm 이상인 제품이 잘 꺾이지 않고 튼튼해서 사용하기 편리합니다. 줄자 사용이 어렵다면 간편하게 공간을 실측할 수 있는 레이저 줄자를 사용해 보세요.

     1  홈스타일링의 기본

## 바닥의 길이

가장 중요한 건 공간 면적의 토대가 되는 바닥의 길이를 측정하는 것입니다. 특히 가구나 기둥이 있는 공간이라도 바닥면 전체의 길이를 기록해야 합니다. 이때 줄자는 휘지 않도록 주의해서 수평을 유지해주세요. 가구나 가전과 같은 구조물에 의해서 뜨지 않고 바닥에 잘 밀착시켜야 오차를 줄일 수 있습니다.

## 가구나 물건들이 벽을 가리고 있어 난감하다면?

옷장이나 협탁 또는 기둥 등의 구조물이 있다면 해당 구조물의 가로 사이즈들을 더한 총합을 적으면 됩니다. 합산 후에는 다시 한번 사이즈를 체크해서 오차를 확인하세요.

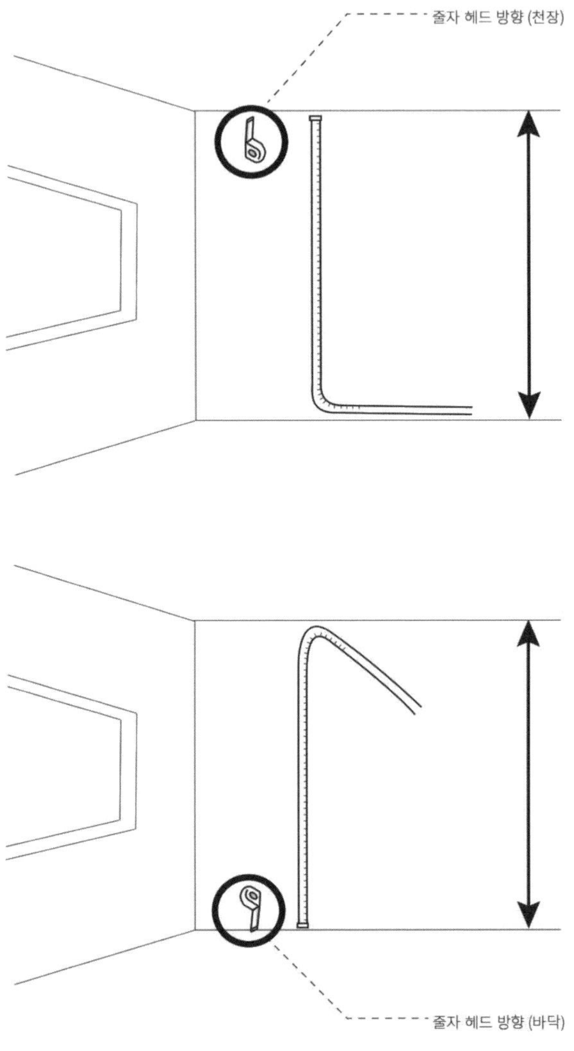


●…천장 높이 실측 방법

## 천장의 높이

천장의 높이를 측정할 때 시작과 끝 지점을 어디로 잡아야 할지 헷갈리는 경우가 많습니다. 간단하게 줄자의 헤드를 천장 혹은 바닥으로 향하게 하는 방법이 있습니다. 한 번만 재는 게 아니라 여러 지점(해당 벽면의 좌측, 중간, 우측)에서 측정해 천장의 높이가 일정한지 체크해 주세요. 몰딩이나 걸레받이의 사이즈도 함께 재는 것을 추천합니다.

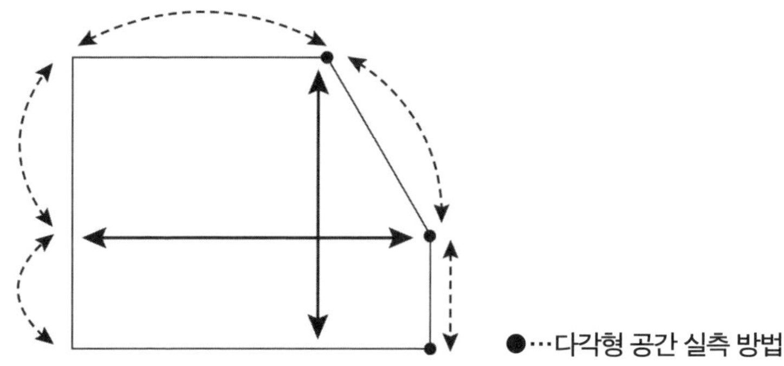



## 공간이 다각형일 경우에는 어떻게 실측하나요?

먼저 공간 전체의 가로와 세로 길이를 측정해 주세요. 그 다음 벽이 꺾이는 구간의 길이를 하나하나 재는 게 중요합니다. 여기서 끝나지 않고 대각선 길이도 몇 군데 측정해 두면 벽이 어느 방향으로 기울어져 있는지 파악할 수 있어요. 특히 공간에서 가장 긴 부분과 가장 짧은 부분은 물론, 벽이 꺾이는 지점의 치수도 함께 기록하는 게 핵심입니다. 최대한 다양한 지점의 치수를 기록해 두면 나중에 이 측정값들을 조합해 공간의 형태를 훨씬 정확하게 파악할 수 있어요. 측정 데이터가 많을수록 원하는 공간으로 구현하기 수월해집니다.

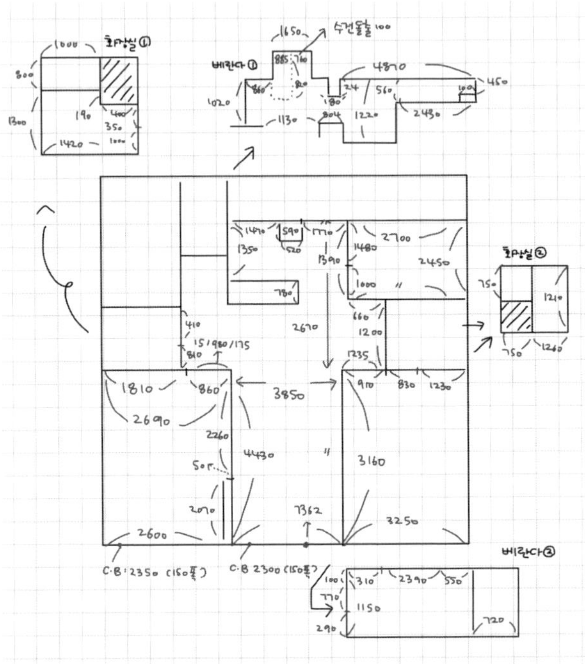

## 꼼꼼하게 메모하기

도면을 조금 작게 그리거나 큰 노트에 공간을 입체적으로 그릴 수 있는 칸을 따로 만들어 공간별 특이 사항을 적어둡니다. 한쪽 벽에 창문 및 커튼 박스가 있는 공간이라면 창문의 위치를 표기하고 창문 양 옆과 위 아래의 여백을 모두 적어보는 거예요. 바닥에서부터 커튼 박스까지의 길이도 꼼꼼히 적으면 좋아요. 창문 근처에 책상 등의 가구를 놓아야 할 때 창문 옆의 여백을 미리 적어 두면 어느 정도의 여유가 있는지 체크할 수 있습니다. 벽걸이 에어컨 같은 경우도 마찬가지입니다!

## 사진으로 남기기

공간을 실측하러 갈 때 생각보다 많은 변수가 생깁니다. 신축 아파트의 경우라면 사전 점검이라는 정해진 기간 안에 실측을 끝내야 하기 때문에 세세한 부분을 놓치기 쉽습니다. 기존 세입자가 거주하고 있다면 미리 양해를 구해야 하거나 부동산 관계자와 동행해야 하는 경우도 있습니다. 이런 상황을 제외하더라도 실측하고 공간을 체크할 때 생각보다 정신이 없어서 놓치는 부분이 많습니다. 기억에만 의지하면 나중에 공간의 세세한 부분까지 떠올리며 계획하는 것이 상당히 어려워요. 따라서 공간을 꼼꼼히 촬영해 두어야 합니다. 사진을 찍으면 공간의 전체적인 모습과 콘셉트, 스위치의 위치를 파악해 가장 알맞은 동선으로 가구 배치를 계획할 수 있습니다. 창문의 위치나 벽지, 바닥의 기본 자재 등 특이 사항을 잊어버리지 않고 바로 확인할 수 있죠.

<u>공간이 한눈에 보여야 한다.</u>
<u>공간의 모든 면이 담겨야 한다.</u>

사진을 찍을 때 위 두 가지 사항을 필수적으로 체크하고 최대한 공간의 양 옆면이 보일 수 있게 광각 모드로 촬영하세요. 광각 모드가 어렵다면 멀찌감치 떨어져서 공간을 담아주세요.

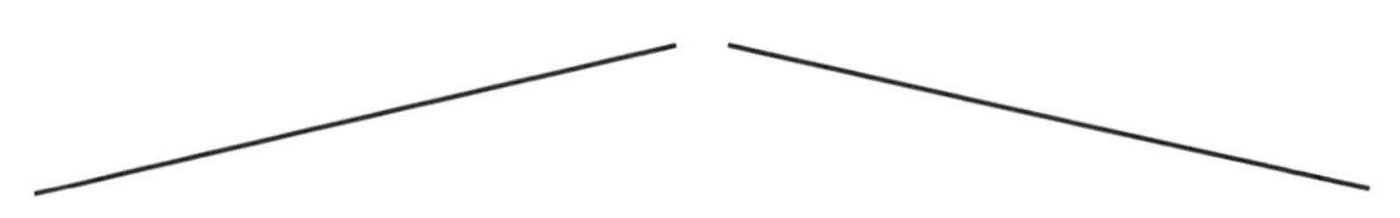

# 컨셉 & 무드 · · · · · · · · ·

인테리어 컨셉이란 공간이 연출하는 분위기를 말합니다. 컨셉이 중요한 이유는 가구와 소품을 구성하는 데 중심이 되기 때문이죠. 그래서 인테리어 컨셉이 정해지면 가구와 소품을 결정하기가 굉장히 수월해져요.

미니멀리즘 컨셉은 불필요한 장식을 줄인 심플한 디자인과 차분한 컬러를 중심으로 깔끔한 공간을 만들 수 있고, 내추럴 우드 컨셉은 나무 소재와 따뜻한 색감을 활용하여 자연스럽고 편안한 분위기를 연출할 수 있죠. 즉 인테리어 컨셉은 공간을 거주자의 라이프 스타일을 반영하고, 공간을 구성할 때 디자인의 기준이 되는 중요한 요소입니다.

"그럼 컨셉은 어떻게 잡아야 하죠?"

누구나 바로 적용해 볼 수 있고, 공간을 꾸밀 때 시도하기 좋은 대표적인 컨셉 네 가지를 소개할게요. 나에게 어떤 무드가 어울릴지 하나씩 살펴보세요.

# *1.* 코지&내추럴:
## 아늑함과 자연스러움이 어우러진 스타일

**이런 분께 추천해요.**
- ✔ 집이 넓어 보이기보다 아늑하게 느껴지길 원한다.
- ✔ 과한 스타일링보다 편안한 분위기를 선호한다.
- ✔ 집에 머무는 시간이 길고 휴식을 중요하게 생각한다.
- ✔ 따뜻한 조명과 부드러운 촉감의 소재에서 안정감을 느낀다.

코지&내추럴 스타일은 공간의 아늑함이 가장 중요합니다. 유행을 따르기보다는 머무는 사람의 몸과 마음의 편안함을 먼저 생각해요. 자연 소재가 주는 부드러운 질감, 따뜻한 색감, 튀지 않는 조명의 조합으로 '의식하지 않아도 편안한 공간'을 만드는 것이 핵심입니다.

이 스타일은 일상의 흐름이 편안하도록 연출합니다. 가구를 과하게 배치하지 않고 기존 공간의 구조와 따뜻한 느낌을 살려 자연스럽게 채워가는 방식이에요. 그래서 시간이 지날수록 더 익숙해지고 편안해지는 특징이 있습니다. 집이 보여주기 위한 장소가 아니라 쉬고 회복하는 공간이길 바라는 분께 특히 잘 어울립니다.

**톤앤무드 조합**

- ✓ 컬러: 크림 화이트, 아이보리, 베이지, 그린
- ✓ 소재: 린넨, 원목, 도자기
- ✓ 질감: 매트한 표면, 결이 두드러지는 패브릭


**이렇게 꾸며보세요.**

- ✓ 기존 구조와 가구를 살리는 방향으로 접근해 보세요.
- ✓ 원목 가구는 밝은 톤이나 중간 톤을 선택하면
  공간이 답답해 보이지 않아요.
- ✓ 패브릭은 촉감이 매트한 소재로 레이어드하되,
  컬러는 2~3가지로 정리하세요.
- ✓ 조명은 주광색보다 아이보리톤의 주백색을 사용하면
  공간의 온도가 부드러워집니다.


**스타일 체크 포인트**

- ✓ 원목 가구
- ✓ 웜톤 패브릭(아이보리, 베이지 등)
- ✓ 은은하고 따뜻한 색감의 조명
- ✓ 자연 소재 소품과 플랜테리어

---

# *2.* 미드 센추리 모던:
## 심플함과 개성 있는 가구가 어우러진 스타일

**이런 분께 추천해요.**

✓ 군더더기 없지만 존재감 있는 가구를 좋아한다.

✓ 심플하지만 밋밋하지 않은 공간을 원한다.

✓ 공간에 과감한 컬러 포인트를 넣고 싶다.

미드 센추리 모던은 1950~1960년대 미국을 중심으로 유행한 디자인으로 모듈형 가구 형태와 명확한 컬러 대비가 특징입니다. 레트로한 감성과 미래지향적인 구조미가 공존하는 스타일로 큰 인기를 끌었습니다. 이 무드가 더 흥미로운 건 탄생 배경에 있어요. 세계 2차대전 이후 목재가 귀해지고 폐유리, 플라스틱, 철 같은 자재를 활용하면서 새로운 재료 조합과 형상으로 탄생하게 되었습니다. 그때부터 지금까지 미드 센추리 모던 스타일은 꾸준히 사랑받는 무드입니다.

**톤앤무드 조합**

- ✔ 컬러: 브라운, 머스터드, 레드, 블랙, 블루
- ✔ 소재: 유리, 스텐, 가죽, 패브릭
- ✔ 질감: 매트한 우드, 탄탄한 패브릭, 절제된 유광 소재

**이렇게 꾸며보세요.**

- ✔ 다리가 드러나는 로우 타입 가구를 선택하면
  미드 센추리 모던 특유의 가벼운 인상이 살아납니다.
- ✔ 소파나 의자 중 하나만 포인트 있는 컬러로 선택하고
  나머지는 포인트 컬러를 받쳐 주는 색상으로 선택하세요.
- ✔ 액자는 크기가 조금 커도 괜찮아요.

**스타일 체크 포인트**

- ✔ 직선과 곡선의 형태가 분명한 가구
- ✔ 다리가 드러나는 로우 타입 가구
- ✔ 컬러 포인트가 되는 가구 또는 소품
- ✔ 형태가 눈에 띄는 아치형·돔 형태의 펜던트 조명
- ✔ 그래픽 포스터나 추상적인 아트 액자

# *3.* 심플&미니멀:
## 복잡하지 않은, 차분한 스타일

**이런 분께 추천해요.**

✔ 불필요한 물건을 두는 것이 답답하다.

✔ 공간이 '넓어 보이고, 정리된 것' 자체에 안정감을 느낀다.

✔ 정제된 선, 깨끗한 컬러, 여백의 미를 좋아한다.

    미니멀은 무조건 비워내는 것이 아니라 무엇을 남길지 선택하는 과정에 가깝습니다. 심플&미니멀 스타일은 개인의 성향이 많이 드러나요. 누군가는 화이트톤으로 정리된 공간에서 편안함을 느끼고, 누군가는 따뜻한 우드톤과 소박한 패브릭을 선호하기도 하죠.

    중요한 건 무조건적인 미니멀함이 아니라 군더더기 없는 나다운 상태를 만드는 것입니다. 전체적인 톤은 조용하지만, 가구의 형태나 소재, 작은 소품을 통해 취향대로 꾸밀 수 있어요. 심플&미니멀은 선택과 집중이 확실한 스타일이에요.

## 톤앤무드 조합

- ✓ 컬러: 화이트, 아이보리, 라이트 그레이, 소프트 베이지
- ✓ 소재: 무광 도장, 패브릭, 유리, 스틸
- ✓ 질감: 매끈한 표면, 균일한 텍스처

## 이렇게 꾸며보세요

- ✓ 가구는 단순한 형태 위주로 선택하세요.
- ✓ 오픈형 선반보다 문이 있는 수납장이 안정감을 줍니다.
- ✓ 간접 조명을 활용하면 공간이 더 정돈되어 보입니다.
- ✓ 가구를 많이 두기보다 시선을 잡아주는 가구를 중심으로 구성해 보세요.

## 스타일 체크 포인트

- ✓ 단순한 형태의 가구
- ✓ 통일된 컬러 팔레트
- ✓ 여백이 살아 있는 레이아웃
- ✓ 포인트를 주는 장식 오브제

# *4.* 에스닉&보헤미안:
## 여행지의 이국적 분위기를 담아낸 스타일

**이런 분께 추천해요.**

✔ 여행지의 자유로운 분위기, 이국적인 패턴과 색감을 좋아한다.

✔ 딱 맞춰 정리된 공간보다 분위기 있는 집을 좋아한다.

✔ 패브릭, 라탄, 빈티지 소품처럼 수공예 제품이나 핸드메이드
　소품에 끌린다.

　에스닉&보헤미안은 여행지에서 머물렀던 집을 떠올리게 하는 인테리어 컨셉입니다. 다양한 컬러와 패턴으로 공간 전체에 이국적인 분위기를 조성해요. 여행 중에 하나씩 모아온 듯한 소품과 오브제, 수공예 제품의 패브릭을 매치하면 스타일의 완성도가 높아집니다.

　좋아하는 것들로 조금씩 채워 가는 과정이 에스닉&보헤미안의 매력이죠. 정해진 공식은 없지만, 요소들을 무작위로 섞는 것은 아닙니다. 컬러와 소재의 중심을 잡고 다른 요소들을 더해주면 감각이 흐트러지지 않아요.

**톤앤무드 조합**

✓ 컬러: 테라코타, 브릭, 딥그린, 머스터드

✓ 소재: 라탄, 우드, 면, 마, 도자기

✓ 질감: 러프한 텍스처


**이렇게 꾸며보세요.**

✓ 패턴을 통한 포인트는 러그나 패브릭으로 더해주고
  가구는 비교적 단순한 스타일로 선택합니다.

✓ 라탄 체어, 패브릭 푸프, 낮은 테이블이 잘 어울립니다.

✓ 벽은 패브릭 월데코나 포스터로 포인트를 주세요.

✓ 플랜테리어를 적극적으로 활용하면 공간의 무드가
  자연스럽게 살아납니다.


**스타일 체크 포인트**

✓ 패턴 패브릭과 러그

✓ 라탄·우드 소재 가구

✓ 핸드메이드 소품

✓ 자유로운 레이어링

# 좋아하는 인테리어 컨셉은 어떻게 찾을 수 있을까?

어떤 인테리어를 좋아하는지 자신의 취향을 찾기 어렵다면 다음과 같은 방법으로 한번 찾아보세요.

## 1. 가장 편안했던 곳 떠올려 보기

여행이나 카페에 갔을 때 혹은 다른 사람의 집에 방문했을 때 분위기가 좋다고 느낀 적이 있으신가요? 그 공간을 더 구체적으로 떠올려 보세요. 단순히 예쁘기만 해서가 아니라 그 공간에서 느껴지는 특별한 분위기가 감성을 자극했을 수 있거든요. 그때 느꼈던 감정을 나의 공간에 적용해 보세요. 따뜻한 느낌이 좋았다면 내추럴한 우드 스타일이나 코지 스타일로, 심플하고 깔끔한 공간에서 매력을 느꼈다면 미니멀리즘 스타일을 적용해 보면 어떨까요?

## *2.* 좋아하는 옷 스타일 떠올려 보기

베이지나 브라운 계열의 옷, 린넨이나 면처럼 자연스러운 소재를 즐겨 입는다면 인테리어에서도 편안하고 따뜻한 내추럴 컨셉을 선호할 가능성이 큽니다. 단정한 실루엣의 옷을 즐겨 입고, 소재나 컬러로 개성을 표현하는 편이라면 미드센추리 모던 인테리어가 잘 맞을 수 있어요. 군더더기 없이 깔끔한 옷이나 오래 입을 수 있는 기본 아이템을 좋아한다면 심플&미니멀 스타일을 선호할 수 있습니다. 패턴이나 컬러 조합에 거부감이 없고, 개성 있는 옷차림을 즐긴다면 에스닉&보헤미안 인테리어를 좋아할 가능성이 높습니다.

## *3.* 사진으로 영감 수집

### 핀터레스트(Pinterest)

이미지마다 관련된 아이디어를 자동으로 추천해 주기 때문에 한 번에 다양한 스타일을 탐색할 수 있고 마음에 드는 이미지를 저장할 수 있어요. 자신이 자주 클릭하는 색상, 소재, 디자인 요소들이 반복해서 나타날 거예요.

### 인스타그램&오늘의집

다양한 인테리어 트렌드를 쉽게 접할 수 있는 플랫폼으로, 특정 스타일을 검색하거나 인테리어 전문가들의 계정을 팔로우해 새로운 아이디어를 얻을 수 있습니다. 영감을 수집할 때는 단순히 예쁜 사진을 보는 것보다 해당 사진 속 공간들이 어떤 스타일인지, 어떤 색상과 소재를 사용했는지 살펴보는 게 좋습니다. 특히 두 플랫폼의 장점은 저장한 게시물을 다시 볼 수 있다는 점인데요. 저장한 공간과 소품들을 살펴보면 선호하는 스타일을 점차 명확하게 알아갈 수 있답니다.

**인테리어 매거진**

최신 트렌드와 디자인 아이디어를 전문적으로 다루는 매체로 유명 디자이너의 작업, 센스 있게 꾸민 공간들이 소개됩니다. 에디터들이 열정적으로 작성한 글과 생생한 인터뷰를 통해 트렌드를 따라갈 수 있죠. 국내 매거진으로는 <까사리빙(CSLV)>, <브리크(BRIQUE)>, <행복이 가득한 집> 등을 참고하면 좋습니다.

**스테이 아카이빙 사이트**

펜션, 풀빌라 등 멋진 스테이를 보면서 영감을 수집할 수도 있습니다. 관련 사이트로는 감각 있는 스테이를 큐레이션하는 스테이폴리오를 추천합니다.

# Part 2

공간별 스타일링 &
아이템 활용

# 거실

거실은 공용 공간이자 동시에 집주인의 스타일이 가장 잘 묻어나는 곳입니다. '나를 닮아 가는 공간'이 될 수 있는 다양한 유형의 거실과 스타일링 팁을 한번 만나볼까요?

# *1.* 다양한 거실의 형태

### 홈카페

티타임이나 대화를 위한 라운지형 공간으로 구성할 수 있습니다. 낮은 탁자와 자그마한 책꽂이, 벽면 조명과 음향 시스템과 함께 식물이나 패브릭을 활용하면 카페 같은 분위기를 연출할 수 있습니다.

### 아이의 놀이 공간

큰 러그와 장난감 정리장, 부드러운 모서리의 가구를 배치하고 벽면에는 칠판을 둡니다. 아이의 발달 과정에 따라 다양한 활동을 할 수 있는 공간으로 조성할 수 있습니다.

### 나만의 영화관

영화를 자주 본다면 거실을 극장처럼 연출할 수 있습니다. 대형 TV나 빔 프로젝터, 입체적인 음향 시스템, 암막 커튼, 조도 조절이 가능한 조명을 활용합니다. 소파는 시청각 환경에 맞춰 배치하고 벽면에는 흡음재를, 바닥에는 카펫을 깔아 영화 시청에 최적화된 거실로 꾸밀 수 있습니다.

### 복합 기능형 거실

재택근무와 더불어 홈트레이닝, 온라인 수업, 취미 활동 등 다양한 활동을 수용할 수 있는 복합 공간으로 연출할 수 있습니다. 접이식 책상이나 이동식 수납장, 접을 수 있는 트레이 테이블 등을 활용하면 상황에 따라 그 기능과 역할을 수행할 수 있습니다.

---

# *2.* 거실 형태에 따른 스타일링

**TV가 있는 경우**

거치식 TV의 경우, TV장 또는 거실장이 필수적이지만, 종종 공간 활용을 위해서 벽걸이형 TV를 사용하죠. 바닥면에서 TV 끝면이 약 70cm 정도 떨어지게 설치하면 안정감 있게 TV를 시청할 수 있습니다. 특히 TV를 벽에 걸게 되면 벽에 약간의 시공이 필요하므로 시공 전에 TV의 위치를 다각도로 살펴보고 체크하세요.

## a. 소파

TV가 잘 보이는 곳에 배치하는 것이 가장 적합합니다. 메인으로 둘 소파의 방향이 미디어 시청에 불편하지 않은 쪽으로 향하게 두는 것이 좋아요.

## b. 1인 소파 또는 스툴

소파 옆에 1인 소파 또는 스툴을 함께 두면 공간이 한 층 풍성하게 살아납니다. 가구의 양을 무작정 늘리는 것이 아니라 기능과 디자인을 모두 갖춘 아이템을 적절히 배치하여 거실의 활용도를 높이는 방식입니다. 시각적으로 소파 주변에 균형감이 생겨 공간이 허전해 보이지 않고 실생활에도 편리합니다.

소파 스툴은 소파 주변부에 두면 한 세트처럼 자연스럽게 연결되고 다리를 올리는 용도로도 매우 좋습니다. 특히 가족 구성원이 많거나 손님이 자주 방문한다면 좌석 역할까지 겸할 수 있어 활용도가 높습니다.

1인 소파를 함께 두는 방법 역시 좋은 선택입니다. 메인 소파 옆에 적절히 배치하면 동선을 방해하지 않으면서도 입체적인 공간이 됩니다. 잠시 책을 읽거나 커피를 마실 때 독립적인 좌석으로 활용할 수 있어요.

### c. 소파 테이블

소파 테이블의 형태는 필요에 따라 아주 낮은 높이로 배치하거나 소파 좌방석의 높이와 비슷한 높이의 제품을 선택할 수 있습니다. 또 높이를 변경할 수 있는 리프트업 제품이나 테이블 안쪽에 수납 공간이 있는 제품도 있습니다.

크기는 60cm부터 120cm까지 소파와 어울리는 비율로 선택합니다. 소파 테이블 위에 화병이나 오브제를 두면 조금 더 디테일한 공간 표현이 가능합니다.

### d. 러그

소파 테이블 아래 러그를 깔면 공간에 분리감을 주어 조금 더 완성도 있는 공간이 됩니다. 소파의 재질과 가족 구성원의 수에 맞는 적절한 러그를 선택해야 합니다. 러그를 깔면 거실의 먼지를 잡아주고 층간 소음을 완화해주며 바닥 온도를 따뜻하게 유지해 줍니다.

스타일링 측면에서 러그는 거실 공간의 전체적인 무드의 중심을 잡아주는 중요한 요소가 될 수 있습니다. 커튼이나 소파와 비슷한 바닥 면적을 차지하기 때문입니다. 러그의 재질감, 패턴, 모양에 따라 원하는 무드를 더욱 극대화할 수 있습니다.

## TV가 없는 경우

배치가 조금 더 자유롭습니다. 창문과 마주하도록 테이블을 배치하여 더 유니크한 공간으로 만들 수도 있고, 책장을 두어 서재형 거실로 구성할 수도 있습니다.

### a. 메인 책상

TV 없는 서재형 거실에서 가장 중심이 되는 가구는 책상입니다. 책장과 나란히 혹은 수직으로 배치할 수 있습니다. 책을 읽거나 가족끼리 이야기를 나눌 수 있는 책상은 가로 사이즈 함께 특히 '폭'을 잘 확인해야 합니다. 폭이 너무 좁으면 다양한 활동을 하기 불편해서 폭이 최소 60cm 이상인 책상을 추천합니다.

### b. 책장 (오픈형/가림형)

책장은 크게 오픈형과 가림형으로 나눌 수 있습니다. 오픈형 책장은 말 그대로 꽂힌 책들이 모두 보이는 개방감 있는 서재를 연출할 때 활용합니다. 중간중간 책이 아닌 다른 오브제를 두면 센스 있는 공간으로 스타일링이 가능합니다. 반대로 가림형 책장은 책을 안에 넣고 문을 닫기 때문에 꽂아 둔 책들이 보이지 않아 깔끔한 거실 분위기를 연출할 수 있습니다.

### c. 보조장

책장과 마주 보는 벽면에도 추가적인 책장을 배치할 수 있지만 다양한 형태의 보조장을 활용할 수도 있습니다. 종이나 작은 물품들을 정리할 수 있는 지류함 형태의 수납장이나 기존에 둔 책장와 대비되는 형태의 책장, 벽면 전체에 시공할 수 있는 시스템형 책장을 고려할 수도 있습니다. 또 기존에 배치된 책장과 다른 높이의 장식장을 두면 공간에 밋밋함을 줄이고 흥미로운 요소를 더할 수 있습니다.

# *3.* 거실 가구

가구와 조명은 공간의 기능과 거실 분위기를 결정짓는 핵심 요소입니다. 기능적인 배치와 시각적 균형을 고려하면 공간이 훨씬 넓어 보이고 안정감을 줍니다.

### 가구 선택 기준

거실 가구의 선택 기준은 구성원의 수와 생활 방식, 공간 크기 등에 따라 달라집니다. 소파는 사용 빈도가 높아 내구성과 착석감이 중요합니다. 3인용/코너형/리클라이너 등 소파 종류 따라 동선과 공간 점유 면적이 달라지기 때문에 그 점도 함께 고려해야 합니다.

테이블은 크기와 높이, 소재에 따라 시각적 무게감과 기능이 크게 달라집니다. 실용적인 측면에서 수납 기능이 결합된 테이블이나 벤치형 가구, 높낮이 조절이 가능한 테이블 등을 활용한다면 공간의 효율을 높일 수 있습니다. 또한 가구의 재질과 색상은 다른 가구나 바닥재, 벽지와의 조화를 종합적으로 고려해 통일감 있게 구성하는 것이 좋습니다.

---

## ① 거실장(TV장)

거실장은 TV를 비롯한 여러 소품을 정리하고 거실의 중심을 잡아줍니다. 단순히 수납만 담당하는 것이 아니라 거실의 분위기와 스타일을 좌우하므로 거실장의 디자인, 소재, 높이, 수납력, 전선 정리 방식 등을 종합적으로 고려하는 것이 좋습니다.

먼저 '거실장의 높이'는 소파에 앉았을 때 고개를 과하게 들어올리거나 숙이지 않는 선에서 TV 화면 중앙의 눈높이와 비슷한 높이로 선택합니다. 보통 40~55cm 내외의 낮은 거실장을 많이 사용하는데 낮은 거실장은 좁은 공간에서도 거실이 답답해 보이지 않는다는 장점이 있습니다.

'수납' 또한 거실장 선택의 핵심 요소입니다.
거실은 리모컨, 간단한 서류, 아이의 장난감, 케이블, 공유기, 멀티탭 등 다양한 물건이 모이기 쉽습니다. 적절한 수납이 없으면 쉽게 지저분해 보일 수 있어요. 서랍형, 도어형, 오픈형 등으로 구성된 거실장은 물건을 숨기거나 꾸미고 싶은 부분을 정돈하여 디스플레이할 수 있도록 도와줍니다. 특히 요즘은 전선 정리 홀이 미리 설계된 거실장이 많아서 TV와 각종 기기의 선을 자연스럽게 숨길 수 있습니다. 원목, 무늬목, 스틸 등 거실장의 소재는 공간의 전체 톤과 맞게 선택하면 거실이 더욱 조화로워 보여요. 예를 들어 화이트나 밝은 우드 톤의 거실장은 가벼운 분위기와 깔끔한 느낌을 주고, 짙은 우드 톤이나 스틸 소재는 묵직하고 모던한 분위기를 연출합니다.

---

**+ 스타일별 거실장 선정 팁**

미니멀 스타일을 선호한다면 선이 단정하고 손잡이가 없는 매끄러운 도어형 거실장을 추천합니다. 군더더기 없는 형태가 공간을 넓어 보이게 하고 벽걸이 TV와 함께 매치하면 깔끔한 라인이 강조됩니다.

내추럴 스타일의 경우, 우드 소재와 낮은 형태의 거실장이 잘 어울립니다. 화이트 벽면에 밝은 오크 톤이나 애쉬 톤을 사용하면 자연스럽고 편안한 분위기가 완성됩니다.

모던 스타일은 유광 하이그로시나 짙은 우드, 스틸 소재의 거실장이 어울립니다. 블랙, 그레이, 다크브라운 계열은 세련된 무게감을 주며 조명과 함께 사용하면 더욱 고급스러운 느낌을 줍니다.

빈티지나 클래식 스타일이라면 다리 형태가 드러나는 거실장이나 장식 몰딩이 있는 제품을 선택하는 것이 좋습니다. 공간의 전체적인 톤이 따뜻하다면 황동 손잡이나 골드 포인트가 더해진 디자인이 조화롭게 어울립니다.

첫째, 크기와 비례를 고려하지 않고 구입하는 경우입니다. TV보다 지나치게 작은 거실장은 중심이 불안해 보이고, 반대로 너무 큰 거실장은 공간이 답답해 보입니다. TV의 폭보다 양쪽으로 각각 약 20cm 이상 여유가 있도록 선택하면 안정감 있는 비례가 만들어집니다.

< TV 사이즈별 추천 거실장 폭 >

| TV 사이즈 | TV 가로 폭 | 추천 거실장 폭 |
| --- | --- | --- |
| 43 inch | 약 96cm | 120-130cm |
| 50 inch | 약 112cm | 130-150cm |
| 55 inch | 약 123cm | 140-160cm |
| 65 inch | 약 145cm | 165-180cm |
| 75 inch | 약 167cm | 190-210cm |

둘째, 수납만 강조하다가 디자인 밸런스를 놓치는 경우입니다. 수납 공간이 많다고 해서 무조건 좋은 것만은 아닙니다. 오히려 전면에 직접 드러나는 부분이 많아져 거실의 인상이 흐려질 수 있습니다. 필요한 수납에 맞춰 간결한 형태를 선택하는 것이 좋습니다.

셋째, 전선 정리나 콘센트 위치를 미리 고려하지 않는 경우입니다. 거실장 배치 후 콘센트가 가려지거나 전선이 드러나면 좋지 않아요. 설치 전에 전기 배선 위치를 확인하고 필요 시 멀티탭이나 정리 홀을 미리 계획하는 것이 중요합니다.

사는 모습은 달라졌는데, TV 배치는 10년 전 그대로?
TV로 스타일링 하는 방법

TV는 한번 사면 보통 10년은 쓰죠. TV가 공간의 중심을 차지하고 있으면 스타일링을 바꾸더라도 전체적인 분위기를 바꾸기 어렵습니다. 요즘은 TV 자체를 가볍게 배치하는 경우가 많습니다. 벽에 고정하거나 빔 프로젝터로 대체하기도 합니다. 예전에는 TV장을 두는 게 일반적이었다면 요즘은 TV 스탠드를 두는 방식으로 공간을 유연하게 쓰곤 하죠. '커스템(kustem)'이라는 브랜드는 철제 선반 구조의 TV 스탠드를 커스터마이징할 수 있게 만들었어요. 컬러와 프레임 구성을 바꿀 수 있고 선반 아래에는 책이나 스피커, 향초 등을 배치해 TV도 하나의 연출 요소처럼 활용할 수 있는 구조예요. TV를 두는 방식만 바꿔도 공간이 한결 감각적으로 느껴질 거예요.

## ② 벽걸이 선반

TV가 없는 거실은 '머무름'과 '대화', 그리고 '휴식'이 공간의 중심이 됩니다. 이때 가장 중요한 것은 시선이 머무는 벽면의 역할을 새롭게 정의하는 것입니다. 이런 경우, 벽걸이 선반을 추천합니다. 비초에(Vitsœ)나 레어로우(rareraw) 같은 브랜드의 제품은 단순히 물건을 올려두는 선반이 아니라, 공간의 리듬과 공백을 자연스럽게 살려주어 또 다른 포인트를 만들어 줍니다.

벽걸이 선반은 거실 벽면의 무게감을 완화해 주는 역할을 하기도 합니다. TV 스크린으로 향하던 시선을 얇은 선반에 향하게 함으로써 훨씬 가볍고 여유로운 분위기를 연출합니다. 선반 위에는 책, 오브제, 화병, 향초, 작은 그림 등을 배치하여 개인의 취향과 라이프 스타일을 반영할 수 있습니다.

벽걸이 선반은 보통 벽에서 20~25cm 정도 돌출된 얇은 형태로 설치하며 소파에 앉았을 때 자연스럽게 시선이 닿는 90~110cm 전후 높이가 적당합니다. 선반의 색상과 소재는 벽면과 조화롭게 맞추는 것이 핵심입니다. 밝은 벽에는 내추럴 우드나 화이트 계열이 어울리고, 짙은 벽에는 월넛이나 블랙 컬러의 선반이 공간의 깊이감을 더합니다. 두께감이 너무 두꺼우면 미니멀한 인상이 사라지므로 2~3cm 내외의 얇은 두께가 가장 안정적입니다.

벽걸이 선반은 다른 가구와의 비례 또한 중요합니다. 선반 아래에 낮은 콘솔이나 벤치를 두면 시선의 흐름이 안정적으로 연결되고, 여기에 조명이나 화분을 더하면 한층 입체적인 구성이 완성됩니다. 공간에 따라 선반을 하나만 설치하기보다 높이를 달리한 2~3단 구성을 활용하면 리듬감 있는 벽면을 연출할 수 있습니다.

벽걸이 선반은 여백을 풍부하게 만들기 때문에 오브제를 과하게 올리지 않아도 공간의 여유와 미감을 살릴 수 있어요. 계절이 바뀔 때마다 오브제를 교체하거나 꽃 한 송이만 올려 놓아도 거실의 분위기가 새롭게 변합니다. 이런 유연한 연출로 벽걸이 선반이 단순한 가구가 아니라 쓰는 사람의 취향이 서서히 쌓여가는 '작은 갤러리'가 될 수 있습니다.

### ③ 파티션

"집이 좁은데 문을 열면 내부가 보여서 신경 쓰여요.
그렇다고 가구를 두기에는 애매한데 어떻게 해야 할까요?"

이런 경우에는 파티션 설치를 제안합니다. 답답할 것 같다고요? 사실 파티션은 작은 집에서 빛을 발하는 아이템이에요. 파티션은 단순 가림막이 아니라 공간을 구획하고 정돈하는 장치입니다. 애매하게 빈 곳이 바로 보이는 구조라면 오히려 파티션 설치를 통해 공간이 안정감을 얻을 수 있어요. 인테리어 공사(목공, 가벽)를 하는 것보다 훨씬 더 간편하고 비용도 10배 이상 절약할 수 있답니다.

파티션은 천장까지 닿아 완전한 분리감을 주는 파티션과 적당한 높이감에서 비교적 개방감 있게 구역을 나눠주는 중간 지지대형 파티션으로 나뉘어요. 천장까지 닿는 파티션은 바닥과 벽의 장력을 이용해 설치하는 경우가 대부분으로, 바닥부터 천장까지 정확한 실측이 필요합니다. 중간 지지대형 파티션은 자유롭게 배치하고 이동할 수 있는 유연함이 있죠. 보통 30~60cm 정도가 일반적이며 이동을 고려한 형태의 파티션이기 때문에 가로 폭이 120cm 이상인 제품을 찾기 어렵습니다. 따라서 중간 지지대형 파티션을 가로로 길게 설치하고 싶은 경우 동일한 제품을 이어서 배치하는 것이 좋습니다.

이런 공간에 파티션이 딱!

---

⋯ **현관에서 거실 내부가 훤히 보이는 집**

배달 음식이나 택배를 받을 때 내부가 훤히 드러난다면 시선 차단이 꼭 필요해요. 중문이 없거나 중문 설치가 어려운 상황이라면 파티션 설치가 현실적이고 감각적인 대안이에요.

✔ 현관 맞은편에 파티션을 세워 시선의 분산을 막아주는 것만으로도 집 전체가 아늑하고 프라이빗하게 느껴져요.

✔ 철제나 라탄, 우드 파티션을 활용하면 인테리어 효과도 있고 환기에도 좋아요.

✔ 파티션 뒤에 신발장, 벤치, 키홀더 등 소형 가구를 두면 '미니 현관 존'이 완성됩니다.

⋯ **집중할 수 있는 데스크존을 만들고 싶을 때**

거실이나 원룸 한 켠에 데스크를 두고 일하거나 공부하는 분들 많죠. 하지만 별도의 벽이나 공간 구획이 없다면 집중력이 흐트러지기 쉬워요. 특히 시야에 거실이나 주방 등의 생활 공간이 보이면 뇌는 '쉬자'는 신호를 보내요. 이럴 때 옆에 파티션을 하나 세워 보세요. 집중력이 달라질 거예요.

✔ 책상 한쪽에 슬림한 파티션을 세우면 마치 작은 서재처럼 공간이 분리돼요.

✔ 철제 네트망 파티션을 활용하면 메모, 인덱스, 조명 등을 걸어둘 수도 있어 공간 활용도를 높일 수 있어요. (데스크테리어 효과는 덤!)

✔ 벽 없이 탁 트인 구조에서 파티션 하나로 '이 구역은 집중하는 곳'이라는 인상을 줄 수 있어요.

---

　　　2 공간별 스타일링 & 아이템 활용

●···현관에서 거실 내부가 훤히 보이는 집

집중할 수 있는 데스크존을 만들고 싶을 때···●

④ 소파

크기 > 디자인 = 재질 > 기능

1) 소파 크기

소파는 공간 크기와 조화를 이루는 것이 중요해요. 일반적으로 소파 길이는 거실 크기의 약 ½ 이상의 가로 폭을 추천합니다. 예를 들어 거실 가로가 4m라면 소파 길이는 2m부터 시작하는 것이 좋습니다. (물론 사람에 따라 크기 선호도는 다를 수 있습니다.)

거실에 TV가 있을 경우, 가로 길이만큼이나 TV와 소파의 간격이 중요해요. 일반적으로 TV 크기x2.5 정도를 추천합니다. 50인치 TV라면 125cm 이상, 65인치 TV라면 162.5cm 이상을 권장합니다.



2  공간별 스타일링 & 아이템 활용

2) 소파 디자인

•• 일자형 소파
일자형 소파를 배치하면 공간을 효율적으로 사용할
수 있습니다. 또한 직선의 형태는 깔끔하고 현대적인
인상을 줍니다. 심플한 디자인을 원한다면 일자형 소
파를 추천합니다.

•• L자형 소파(코너형 소파)
일자형 소파에 스툴이나 등받이가 있는 소파, 소파 스
툴이 더해진 형태입니다. 코너 공간 활용이 가능하며
거실에 분리감을 줄 수 있습니다. 여러 사람이 둘러 앉
아 이야기하기 좋습니다.

•• 곡선형 소파
곡선형 소파는 시선을 자연스럽게 분산시키고 공간을
한층 여유 있어 보이게 합니다. 다만 곡선의 방향성과
반경에 따라 배치가 제한되어 사전에 공간 면적과 동
선을 고려해야 합니다.

•• 모듈형 소파
소파의 각 모듈을 분리/결합하여 원하는 대로 구성할
수 있는 소파입니다. 비교적 배치를 자유롭게 변경할
수 있고, 다양한 공간 구성이 가능합니다.

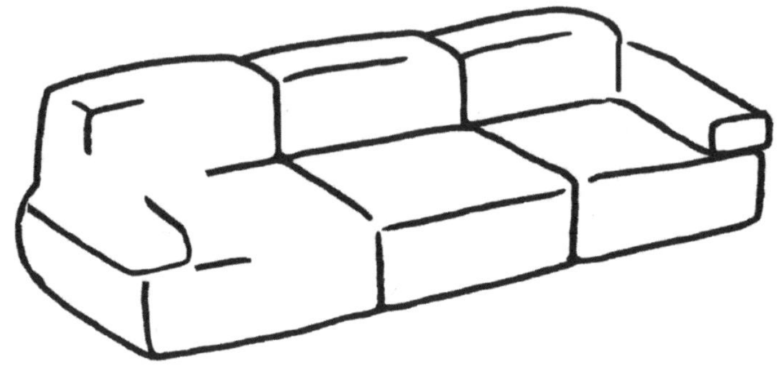

●…일자형 소파

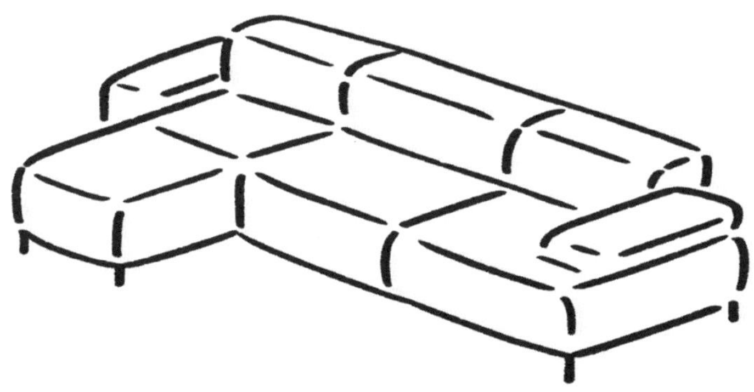

●…L자형 소파(코너형 소파)

●…곡선형 소파

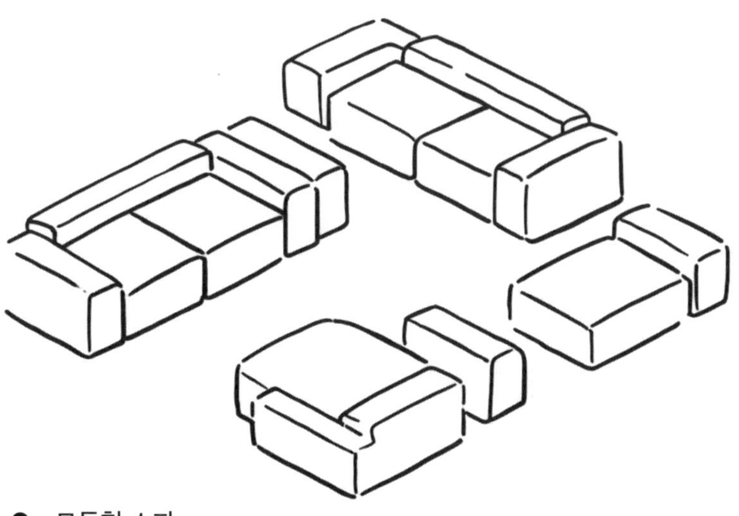

●…모듈형 소파

3) 소파 재질

•• 패브릭 소파
부드럽고 따뜻한 느낌을 주며 다양한 색상과 패턴을 선택할 수 있습니다. 통기성이 좋고 피부에 자극이 적습니다. 단, 기름이나 먼지 등의 오염에 취약해 청소나 관리가 까다로울 수 있습니다. 오염이 걱정된다면 기능성 패브릭 제품이나 소파 커버가 분리되는 소파를 추천합니다.
★ 추천 공간 : 따뜻하고 아늑한 분위기

•• 가죽 소파
고급스러운 느낌을 주고 내구성이 좋습니다. 패브릭과 비교했을 때 청소가 비교적 간편합니다. 단, 천연 가죽의 경우 가격대가 높으므로 합리적인 가격을 원한다면 인조 가죽을 추천합니다.
★ 추천 공간 : 모던하거나 클래식한 분위기

•• 벨벳 소파
부드럽고 고급스러운 느낌을 주고 빛에 따라 색상이 달라지는 특징이 있어 우아한 분위기를 연출할 수 있습니다. 단, 먼지가 잘 붙고 생활 오염에 취약하여 관리가 어려울 수 있습니다.
★ 추천 공간 : 고급스러운 거실이나 디스플레이가 중요한 공간

4) 기능성 소파

**·· 리클라이너 소파**
기능성 소파 중에서 제일 인기가 많은 소파입니다. 자동 리클라이닝 기능이 있어서 편안하게 다리를 뻗을 수도 있고, 좌석의 기울기도 조정할 수 있습니다. 휴식을 취하거나 영화관처럼 편안한 환경을 원할 때 적합합니다.

**·· 수납 기능 소파**
수납 공간이 내장되어 있어 소파 아래나 팔걸이 쪽에 물건을 보관할 수 있습니다. 공간 절약 및 정리 정돈에 매우 유용합니다. 작은 거실에서 수납이 부족한 경우에 좋습니다.

**·· 소파 베드(소파 겸 침대)**
낮에는 소파로 사용하다가 필요할 때 펼치면 침대가 되는 소파입니다. 게스트룸이나 작은 아파트에서 공간을 활용할 때 유용합니다.

## 5) 소파 배치 방법

•• 창가에 배치하기

벽면이 아닌 창가에 소파를 배치하면 공간이 더 여유롭게 느껴져요.
특히 햇빛이 잘 드는 거실이라면 창가에 앉았을 때 그 온기를 잘 느
낄 수 있죠. 이때 중요한 것은 시선의 흐름을 가로막지 않도록 소파
등받이가 너무 높지 않은 제품을 선택하는 것입니다. 또한 주방 쪽과
마주 보게 소파를 배치하면 요리하는 사람과 앉아 있는 사람이 자연
스럽게 소통할 수 있어요.


•• 모듈 소파의 활용도를 높이는 스툴 배치

모듈 소파 사이에 스툴을 배치하면 공간 활용과 생활에 편리를 동시
에 만족시킬 수 있습니다. 스툴은 발받침, 보조 좌석, 간이 테이블 등
상황에 따라 다양한 기능으로 사용할 수 있어요. 생활 패턴에 맞춰
손쉽게 레이아웃을 조정할 수 있습니다.

---

　　　　2  공간별 스타일링 & 아이템 활용

**+ 거실 데코레이션 팁**

**조명**: 장스탠드, 단스탠드, 펜던트 조명 등을 활용하여 스타일링을 극대화할 수 있어요. 특히 장스탠드 조명은 공간에 세워둘 수 있는 형태로 갓형, 원통형, 활장형 등 종류가 다양하고 가격대도 다양합니다. 다른 조명에 비해 부피감이 커서 하나만 두어도 거실 공간의 무드를 채워주는 아이템입니다. (*자세한 설명은 150쪽 참고)

**러그**: 소파나 메인 책상 아래에 러그를 깔아 공간을 분리할 수 있습니다. 소파를 배치한 후 다양한 형태의 러그를 통해 공간에 멋을 더해줄 수 있는데요. 원하는 분위기에 따라 장모형, 단모형 러그를 선택할 수 있습니다. (*자세한 설명은  144쪽 참고)

**식물**: 거실에 식물을 두면 훨씬 생기 있는 공간이 완성됩니다. 거실은 집에서 가장 메인이 되는 공간인 만큼 식물은 100cm 이상의 중대형 식물을 권장합니다. 만약 식물 키우기에 자신이 없다면 조화 식물을 활용하는 것도 방법입니다. (*자세한 설명은  162쪽 참고)

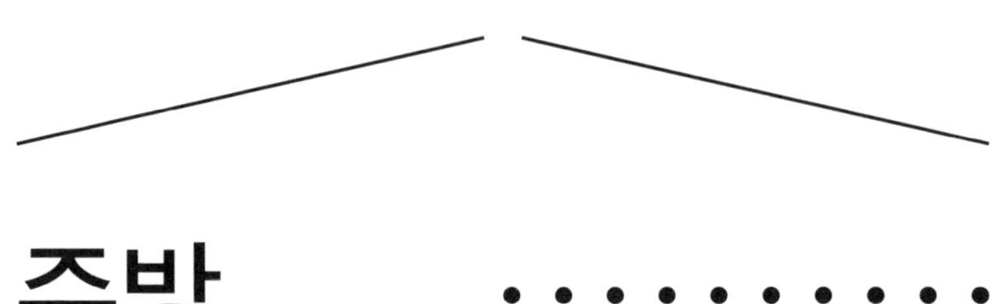

# 주방

　과거에는 주방이 단순히 조리 공간이었다면 오늘날에는 홈 카페, 홈 바, 키즈 다이닝, 손님 응대 공간 등 다양한 역할을 수행하는 다목적 공간으로 바뀌고 있습니다. 오늘날 주방은 사용자의 동선과 미적 감각을 종합적으로 반영하는 공간입니다.

# 1. 주방 배치와 구성

**일자형 주방**

싱크대, 냉장고, 조리대를 일렬로 배치하는 구조로, 좁은 공간
에서 흔히 사용됩니다. 이 경우 '작업 순서'에 따라 배치하는
것이 중요합니다. 냉장고 → 싱크대 → 조리대 순서로 배열하
면 효율적인 동선으로 움직일 수 있습니다.

### ㄱ자형(L자형) 주방

두 벽면을 활용한 형태로 국내에서 가장 보편적으로 사용되는 구조입니다. 냉장고-싱크대-조리대가 이루는 작업 삼각형을 자연스럽게 구성할 수 있습니다. 이동 거리가 짧고 동선이 효율적인 구조입니다.

## ㄷ자형(U자형) 주방

세 벽면에 조리 공간을 구성하는 형태입니다. 냉장고-싱크대-조리대로 이어지는 작업 삼각형이 짧아 이동이 최소화됩니다. 주방을 감싸는 형태로 조리에 집중할 수 있지만 통로가 좁을 경우 답답할 수 있으므로 양쪽 조리 공간 사이의 간격을 1.2~1.5m 이상 확보하는 것이 좋습니다.

### 아일랜드형 주방

독립된 조리대를 주방 중앙에 배치하는 구조로 개방감이 뛰어납니다. 아일랜드 조리대는 간이 식탁, 홈 카페, 작업대 등 다양한 용도로 활용 가능합니다.

# *2.* 식사 공간 배치와 구성

식사 공간은 주방과의 연계, 조명, 가족 구성원의 라이프 스타일까지 모두 고려해야 합니다. 주방과 식당이 통합된 구조인 경우, 식사 공간은 곧 주방의 연장선이자 소통의 중심이 됩니다.

## 동선과 주방과의 연계

식사 공간의 배치는 주방과의 동선을 기준으로 합니다. 조리된 음식을 옮기고 치우는 동선이 짧아야 하고, 식기나 음료를 보충하기 쉬운 구조가 이상적입니다. 아일랜드 키친과 다이닝 테이블이 연결되거나 싱크대 옆에 식탁이 배치된 구조가 효율적입니다. 또한 가족 구성원이 함께 사용하기 때문에 주변 동선의 간섭을 피할 수 있도록 통로는 최소 900mm 이상 확보하는 것이 좋습니다. 특히 벽면과 의자 사이 간격은 의자를 움직이는 것까지 고려해 800mm 이상 확보해야 합니다.

## 테이블의 형태와 크기

식사 공간의 중심은 테이블입니다. 직사각형 테이블이 가장 일반적이며 벽면의 활용이 가능하고 수납장과의 결합이 쉽다는 장점이 있습니다. 원형 테이블은 동선이 부드럽고 시선이 한 곳으로 모이기 쉬워 대화가 많은 가정에 적합합니다. 확장형 테이블은 손님 응대나 다용도 사용 시 유용하고 인원에 따라 유연하게 사용할 수 있어 실용적입니다. 테이블의 크기는 구성원의 수뿐 아니라, 주방 및 거실과의 관계까지 고려해 설정해야 합니다. 4인 가족 기준 최소 1,200~1,400mm, 6인 이상은 1,800mm 이상이 적당하며 의자당 600mm의 폭을 확보할 수 있도록 계산하는 것이 좋습니다.

# *3.* 동선

**작업 삼각형**

효율적인 주방 설계는 동선의 자연스러움과 간결함이 중요합니다. 요리할 때 자주 사용하는 냉장고, 싱크대, 조리대(또는 가스레인지) 간의 동선은 피로도와 요리 시간에 큰 영향을 미칩니다. 주방에서의 노동을 최소화하는 주방의 기본 설계 원칙이 바로 작업 삼각형(Work Triangle)입니다.

작업 삼각형은 주방 내에서 가장 많이 사용하는 세 지점 — 냉장고(식재료 저장), 싱크대(세척), 조리대(가열) — 을 꼭짓점 삼아 이 사이의 동선을 삼각형 형태로 구성하는 방식입니다. 이론적으로는 각 꼭짓점 사이의 거리가 너무 가깝지도 멀지도 않아야 하며 삼각형을 이루는 총 거리(세 변의 합)는 4~7.6m가 가장 이상적입니다.

●⋯작업 삼각형

냉장고 옆 빈 공간을 어떻게 활용해야 할지 고민된다면, 그 공간을 사용하는 사람의 일상을 먼저 떠올려 봅시다. 만약 커피를 내리는 시간이 하루의 시작을 알리는 루틴이라면, '홈 카페장'을 추천합니다. 이 공간에 커피머신과 그라인더를 두어 취미 생활을 하는 공간으로 연출하는 거예요.

이처럼 작은 공간이라도 취향과 니즈를 반영해 공간을 설계하면 일상에서 느끼는 만족감이 훨씬 커집니다.

# *4.* 주방 가구

**식탁**

식탁은 주방의 중심에 놓이는 가구로 공간에 따라 다양한 역할을 합니다. 특히 소형 주택이나 아파트에서 작업 공간, 대화의 장소로 활용되며 거실과 주방을 연결하는 포인트가 됩니다. 원형, 사각, 오벌 등 다양한 형태의 식탁이 있죠. 공간의 형태와 생활 패턴에 따라 어떤 상판 형태가 어울리는지 지금부터 구체적으로 알려 드릴게요!

●…반원형 테이블

원형 테이블…●

   2  공간별 스타일링 & 아이템 활용

··· 반원형 테이블

— 작은 공간에서도 감각적인 다이닝 무드 연출

"원룸이지만, 테이블 하나쯤은 꼭 놓고 싶어요."

좁은 공간에서도 테이블을 포기하고 싶지 않은 분들을 위해 반원형 테이블을 추천해요. 일반적인 원형 테이블은 벽에서 떨어뜨려 놓아야 하기 때문에 공간을 더 많이 차지해요. 하지만 반원형 테이블은 직선 면을 벽에 밀착시켜 실제 사용 면적 대비 차지하는 바닥 면적이 적습니다. 좁은 집, 복도형 구조, 혹은 코너에 배치할 때도 부담 없이 사용할 수 있어요.

— 1~2인 가구에 최적화된 '하프 다이닝 존'
1인 식사, 홈 카페, 간단한 노트북 작업 등을 위한 미니 다이닝 공간이 필요하다면 이만한 선택이 없어요. 의자 한두 개만 놓으면 충분한 좌석 구성이 가능하고, 필요 시 벽에서 떼어 테이블을 중앙에 두면 2~3인 구성도 가능합니다.

— 높은 스타일링 효과
부드러운 곡선과 직선이 만드는 안정감이 공존해 여백이 있는 미니멀한 공간에서 포인트 역할을 합니다. 벽 쪽에 작은 조명을 올리거나 러그와 배치하면 홈 카페 같은 무드도 연출할 수 있어요.

---

··· 원형 테이블

— 실용성과 디테일
원형 테이블은 날카로운 모서리가 없어 공간이 부드럽게 연결되는 느낌을 줘요. 동선이 겹치는 거실과 주방 사이나 좁은 거실의 중앙, 복도형 구조에서도 자유롭게 이동이 가능해요. 작은 집에도 답답함 없이 둘 수 있는 가구예요.

— 자연스러운 커뮤니케이션
사각 테이블처럼 앞과 옆이 나뉘지 않아 시선이 고르게 닿고 대화하기 좋아요. 마주앉을 때 멀지도 가깝지도 않은 거리감, 이게 원형 테이블의 매력이죠.

— 시각적인 여유를 만드는 스타일 포인트
부드러운 곡선의 실루엣은 공간에 '시각적인 여유'를 만들어 줘요. 특히 원형 테이블은 '중심 오브제' 역할을 하기 때문에 조명, 러그, 오브제 스타일링을 함께 하면 분위기가 더 살아나죠.

••• 사각 테이블

— 기본에 충실한 클래식

"공간은 넓지 않지만, 그래도 두 명이
나란히 앉을 수 있는 테이블이면 좋겠어요."
"벽에 딱 붙여서 필요할 때 작업 공간으로도 쓰고 싶어요."

넓지 않은 공간에서는 작은 가구 하나에도 '다기능'과 '효율적인
동선'이라는 실용적인 기준이 중요해지죠. 그럴 때 가장 전략적
인 선택은 2~4인용 사각 테이블이에요. 사각형 테이블은 한 면
을 벽에 딱 붙여 사용할 수 있어 한쪽 공간이 여유롭지 않은 구조
에서 유용합니다.

— 직관적인 좌석 배치 및 다양한 용도
의자를 양쪽 혹은 ㄱ자 형태로 배치할 수 있어 공간에 맞는 유연
한 구성이 가능합니다. 식사는 물론, 노트북 작업, 간단한 손님 맞
이까지 모두 할 수 있어요.

— 스타일링이 쉬운 베이직
트레이, 화병, 조명 같은 연출 아이템을 두기에 가장 안정적인 형
태입니다. 디자인이나 소재 제약이 적어서 다양한 의자와 매치
할 수 있고, 필요에 따라 확장형으로 업그레이드도 가능하다는
장점이 있어요.

••• 확장형 테이블

— 하나로 여러 역할을

"식탁, 수납장, 작업대 모두 필요한데 공간은 하나뿐이에요."
"보통 식사할 때는 두 명이지만, 가끔 친구도 초대하고 싶어요."

테이블 하나로 다 된다면 어떨까요? 그 해답이 바로 확장형&수납형 테이블입니다. 보통 2인용으로 사용하다가 손님이 오거나 작업을 해야 할 때, 상판을 슬라이딩 혹은 폴딩을 확장해 테이블을 넓힐 수 있어요. 특히 주방과 거실 경계가 애매한 구조에서 매우 유용합니다. 하나의 테이블로 '소형 홈파티 → 업무용 데스크 → 브런치 테이블'까지 다양하게 사용할 수 있습니다.

— 수납장 대체

테이블 하부나 사이드에 수납 공간이 숨어 있는 확장형 테이블은 자잘한 소품이나 문서, 주방 도구들을 숨길 수 있어 공간을 정돈할 수 있습니다. 작은 평형에서는 수납 가구를 줄일 수 있기 때문에 공간 사용을 훨씬 더 효율적으로 만들어 줘요.

+ 재질에 따른 선택

## 원목
**따뜻하고 자연스러운 분위기를 연출하고 싶다면**
대부분의 원목 식탁은 무게감이 있어 안정적이에요. 대신 나무 특성상 물, 열, 기름에 취약하고 외부 환경에 따라 수축과 팽창이 있을 수 있습니다. 뜨거운 냄비를 그냥 올려둘 경우 자국이 생기기 때문에 세심한 관리가 필요해요.

## MDF(합판)
**실용과 가성비를 모두 잡고 싶다면**
MDF 재질의 식탁은 가격이 합리적이고 디자인도 다양한데요. 필름 마감에 따라 나무 느낌이나 대리석 느낌이 납니다. 하지만 합판에 필름지가 붙어 있어 습기나 충격에 약하고 시간이 지남에 따라 모서리 마감이 벗겨질 수 있습니다. 패턴이 프린팅된 필름지로 고급스러움이 조금 덜할 수 있다는 점이 단점입니다.

## 세라믹
**고급스럽고 현대적인 분위기, 강한 내구성을 찾는다면**
스크래치, 열, 습기, 오염에 강한 세라믹 식탁은 음식이나 소스를 흘려도 스며들지 않아 깨끗하게 유지할 수 있습니다. 관리가 쉬워 아이와 함께 하는 공간에서도 적합합니다. 대신 가격대가 조금 높고 유광 마감의 경우, 지문이 잘 묻을 수 있습니다.

유리

**시각적으로 넓은 공간감을 주고 싶다면**

공간이 확 트이고 시원해 보이는 유리 테이블. 실내 공간을 밝고 고급스럽게 연출해 줍니다. 모던하고 미니멀한 인테리어 스타일에 잘 어울립니다. 단, 유리 소재 특성상 지문, 물자국, 먼지 등의 오염이 잘 보이고 충격에 약해 어린 아이가 있다면 주의해야 합니다.

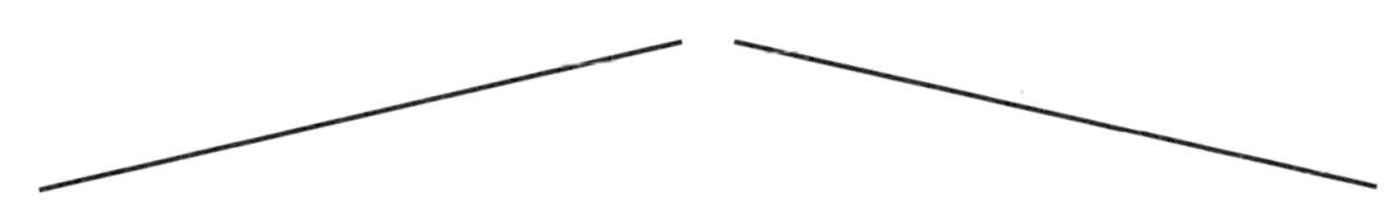

# 침실

나만의 공간이라는 이유로 침실은 홈스타일링에 소홀한 경우가 많죠. 하지만 침실을 나에게 잘 맞는 방식으로 스타일링하면 삶의 리듬이 건강해질 수 있습니다. 나만을 위한 공간인 침실 스타일링에 대해서 알아볼게요.

# *1.* 침실 가구 배치 방법

침실 가구 배치의 핵심은 '출입문과 침대 헤드의 방향'입니다. 이 두 가지만 고려하면 다른 요소는 메인 가구에 맞추어 적절히 배치할 수 있습니다. 사람은 본능적으로 '등지고 있는 공간'에 불안을 느낍니다. 시야가 트여 있도록 문이 보이는 쪽에 침대를 두면 심리적으로 안정감이 듭니다.

## *1.* 침실 가구 배치 방법

## 문을 열었을 때 머리가 바로 보이지 않게

침실 문을 열었을 때 침대에 누운 사람의 얼굴이 바로 보이지 않도록 배치하는 것도 중요합니다. 누운 사람은 외부로부터 예측할 수 없는 움직임을 마주하게 되면 무의식적으로 긴장하기 때문에 이런 불안 요소는 숙면에 영향을 미칩니다. 따라서 침대 헤드를 문에서 가장 먼 벽 쪽에 배치하거나 문 옆 방향의 벽에 침대를 붙이는 것도 좋은 방법입니다.

## 완충 공간 만들기

문과 침대 사이에 협탁이나 파티션, 러그나 벤치 등으로 시선을 분산시킬 수 있는 완충 공간을 만드는 것도 좋은 방법이에요. 시각적으로 거리감이 생기면 시선이 완화되고 공간도 조금 더 정리되어 보이는 효과를 줍니다.

# *2.* 호텔 침실, 어떻게 만들 수 있을까요?

집을 호텔처럼 꾸미고 싶다는 생각은 한 번쯤 해보지만, 실제로 구현하는 일은 쉽지 않습니다. 가구 배치와 소재의 질감, 조명은 호텔 특유의 정돈된 분위기를 완성하는 핵심 요소입니다. 세련된 호텔 무드를 유지하면서도 집의 편안함을 함께 담아내는 스타일링 방법을 소개합니다.

## 5성급 호텔을 떠올려 보자: 조명의 힘

5성급 호텔을 떠올려 보면 어떤가요? 푹신한 침대가 가운데 있고 양 끝에 조명이 비춰지고 있어요. 가장 합리적인 비용으로 호텔 느낌을 내고 싶다면 조명을 활용할 수 있습니다. 조명의 개수를 단순히 늘린다기보다 빛의 방향과 밝기를 고려하는 것이 핵심이에요.


✔ 베드 사이드등 : 침대 옆 테이블 또는 벽 부착형 조명(팔이 닿는 거리)

✔ 추천 디자인 : 포터블 조명, 스포트라이트 조명 등

✔ 팁 : 전구를 2700K으로 맞추면 따뜻한 무드가 살아나요. 수면을 방해하지 않고 아늑함을 배가합니다.


## 패브릭은 호텔 무드의 절반

호텔 침실의 핵심은 '겹겹이 쌓인 침구 레이어'예요. 이불 하나, 베개 두 개로는 호텔 느낌이 나지 않아요. 아래 3단 구조로 세팅해 보세요.


✔ 기본 침구: 깔끔한 화이트 커버 혹은 뉴트럴 톤 (베이지, 연그레이 등)

✔ 스프레드: 침대 하단에 가볍게 걸쳐주는 연출용 패브릭
　　(린넨, 니트 소재 추천)

✔ 베개 + 쿠션 조합: 높이와 텍스처가 다른 쿠션 3~4개 배치
　　예: 기본 베개 2개 + 볼륨 쿠션 2개 + 장식 쿠션 1~2개

# *3.* 침실 가구: 침대 프레임

침대 프레임은 매트리스를 받쳐주는 구조물 이상의 역할을 하고 공간의 분위기와 동선을 결정짓는 요소입니다. 프레임의 높이, 헤드보드의 유무, 소재에 따라 침실의 인상이 크게 달라지며 수납이나 청소의 편의성에도 영향을 미쳐요.

---

　　　2 공간별 스타일링 & 아이템 활용

●…헤드형

무헤드형…●

## ① 형태에 따른 침대 프레임

··· 헤드형

헤드가 있는 프레임은 침실의 중심을 안정감 있게 잡아주는 역할을 합니다. 디자인 요소일 뿐만 아니라, 벽지를 보호하는 역할을 합니다. 생활적으로는 침대에서 책을 읽거나 휴식을 취할 때 등을 지지해주는 등받이 역할을 하죠. 헤드의 형태나 소재에 따라 침실의 인상이 크게 달라지고, 패브릭 헤드나 퀼팅 마감의 헤드는 호텔 같은 아늑한 분위기를 연출할 수 있습니다.

··· 무헤드형

헤드가 없는 프레임은 심플하고 가벼운 인상을 주고, 협소한 공간이나 천장이 낮은 방에는 개방감을 줍니다. 깔끔하고 미니멀한 인테리어를 선호하는 분들께 잘 어울리며 벽면에 직접 쿠션을 배치하는 방식 등 다양하게 연출할 수 있습니다.

## ② 기능이 더해진 침대 프레임(수납 침대)

공간이 협소하거나 짐이 많은데 수납 공간이 부족하다면 수납 기능이 결합된 침대 프레임이 유용합니다. 서랍형 수납이 결합된 프레임은 이불, 계절 옷, 짐 등을 깔끔하게 보관할 수 있어 별도의 수납 가구 없이 실용적인 침실 구성이 가능합니다. 단, 수납 침대는 구조상 무게가 무겁고 통풍이 어려워 매트리스 선택이나 청소법도 함께 고려해야 합니다.

## ③ 소재에 따른 침대 프레임

**⋯ 패브릭 프레임**

부드럽고 따뜻한 감성을 더해주는 소재로 아늑하고 포근한 분위기를 연출하기 좋습니다. 푹신한 패브릭 형태의 헤드 보드는 침대에 앉아 시간 보내기를 좋아하는 경우에 좋습니다. 다만 먼지나 오염에 취약하므로 주기적인 청소가 필요하고, 반려동물이 있는 경우 각별한 관리가 필요합니다.

**⋯ 우드 프레임**

자연스럽고 따뜻한 인상을 주며 클래식하면서도 무게감이 있어 안정적인 분위기를 연출합니다. 유행에 민감하지 않고 다른 가구들과 조화롭게 어울려 실용적입니다. 다만 나무 소재의 특성상 습기에 민감해 뒤틀림이나 변형이 생길 수 있어 적절한 환기와 관리가 필요합니다.

**⋯ 철제 프레임**

구조가 심플하고 가벼워 작은 공간에 적합합니다. 모던하고 미니멀한 인테리어에 잘 어울리며 비교적 가격 부담이 적고 조립과 이동이 용이하다는 장점이 있습니다. 다만 제품에 따라 흔들림이나 소음이 발생할 수 있으며 표면이 차가워 단단한 인상을 주기 때문에 패브릭 소재의 침구나 러그 등을 통해 공간을 부드럽게 잡아주는 것이 좋습니다.

---

# 서재

　　서재와 작업실은 집중과 휴식을 담아내는 공간입니다. 혼자만의 시간이 점점 중요해지면서 생각을 정리하고, 스스로에게 몰입하는 시간을 보낼 수 있는 공간에 대한 니즈가 더 많아지고 있습니다.

# *1.* 서재 책상 배치 방법

책상은 서재에서 가장 핵심적인 가구입니다. 책상을 메인으로, 나머지 가구들은 주변부로 배치하면 서재 홈스타일링을 조금 더 수월하게 진행할 수 있습니다.

### ••• 벽면 밀착형

가장 보편적인 방법입니다. 안정감 있는 서재 연출을 원한다면 벽면에 밀착해 책상을 배치해 보세요. 집중력을 높일 수 있는 최적의 배치입니다.

### ••• 가운데 공간에 배치

조금은 독특하게 서재를 구성하고 싶다면 공간 중간에 책상을 배치하는 것도 좋습니다. 책상 주변을 활용할 수 있어 생각보다 여유 있게 공간을 사용할 수 있다는 장점이 있습니다. 단, 전선이 많은 데스크탑을 사용할 경우, 전선을 깔끔하게 정리하거나 보이지 않게 가려주면 좋습니다.

---

●…벽면 밀착형

가운데 공간에 배치…●

     2  공간별 스타일링 & 아이템 활용

+ 책상 배치 시 전선 정리가 어렵다면!

모으고, 묶고, 가리기! 이 세 가지만 기억하면 전선 정리가 어렵지 않습니다. 전선들을 결대로 펴서 모아준 다음, 케이블 타이나 벨크로 타이로 묶어서 하나의 선 형태로 만들어 줍니다. 요즘에는 전선 정리용 벨크로 타이가 잘 나와 있어 쉽게 길이 조절도 가능합니다.

전선들을 한데 모았다면 이제 선을 가릴 차례! PET 소재의 선 정리 보호 튜브, 패브릭 소재의 '코드삭스'를 활용해서 덮어줄 수 있습니다. 그러면 지저분한 줄을 모두 가릴 수 있어요. 이 과정이 귀찮고 번거롭다면 멀티탭 거치대 안에 가려서 보관하는 방법도 좋습니다.

---

# *2.* 서재 가구

① **책상**

책상은 업무, 학습 또는 취미와 창작 등 용도에 따라 선택의 기준이
달라집니다.

---

      2 공간별 스타일링 & 아이템 활용

••• 이상적인 책상 사이즈

일반적으로 책상의 가로는 100~160cm, 폭은 60~80cm가 적당합니다. 책상은 60cm만 되어도 1인이 충분히 작업할 수 있는 사이즈지만 보다 편하고 수월하게 작업하기 위해서는 100cm 이상의 너비를 확보하는 것이 좋습니다. 모니터를 사용하는 경우, 폭이 70cm 이상일 때 눈과 화면 간 적정 거리를 확보할 수 있어요.

••• 업무 중심형

서류 작업, 디지털 업무가 많은 경우, 넓은 상판과 전선 홀, 모니터암의 장착이 가능한 구조가 효율적입니다. 업무에 집중할 수 있도록 책상 주변의 전선을 모두 가리고 모니터를 자유자재로 활용할 수 있도록 모니터암을 장착해 업무에 집중할 수 있는 포인트를 만들어 주는 것이 중요합니다.

••• 공부 중심형

장시간 착석 시 집중력이 흐트러지지 않도록 눈에 자극이 적은 톤의 상판과 간결한 디자인이 좋습니다.

••• 다양한 옵션 활용

책상 상판 위쪽에 파티션이나 책장을 놓을 수도 있고 책상 하부에 책선반을 추가할 수 있는 제품도 있습니다.

## ② 책장

서재에서 책장은 공간의 분위기를 좌우하는 요소 중 하나입니다. 오픈형 책장은 책을 한눈에 찾기 쉽고 진열 효과가 뛰어나 시각적으로 풍성한 느낌을 줍니다. 반면 문이 달린 책장은 보다 정돈된 인상을 주며 먼지를 막아주어 책을 오래 보관할 수 있다는 장점이 있죠. 책의 양, 사용하는 빈도, 정리 습관에 따라 책장의 형태를 선택하는 것이 좋습니다.

## ③ 캐비닛(서랍장)

서랍형 캐비닛은 자주 쓰는 문구류나 전자 기기, 각종 서류 등을 깔끔하게 보관할 수 있어 매우 실용적인 가구입니다. 책상 하단에 들어가는 일체형 서랍장부터 여유 공간에 놓는 독립형 서랍장까지 다양하게 활용할 수 있습니다. 잡동사니가 보이지 않게 공간을 단정하게 유지하고 싶을 때 잘 어울립니다.

## ④ 1인용 체어

서재에 1인용 체어가 더해지면 감성적인 휴식 공간으로 그 용도가 확장됩니다. 편안한 라운지 체어나 암 체어는 독서나 생각 정리에 집중할 수 있도록 도와주며 작은 조명과 사이드 테이블을 함께 배치하면 아늑한 코너가 완성됩니다. 일과 쉼 사이의 균형을 잡아주는 역할을 하는 가구입니다.

# *3.* 데스크테리어

멋진 데스크테리어는 서재에서 시간을 많이 보내는 사람들에게 로망인데요. 책상 공간을 더 멋있게 꾸밀 수 있는 몇 가지 팁을 소개할게요.

### ⋯ 데스크 매트

책상 위에 까는 매트로 책상도 보호하고 마우스도 자유롭게 사용할 수 있습니다. 다양한 사이즈와 디자인이 있으니 공간의 무드에 맞는 데스크 매트를 활용해 보세요.

### ⋯ 펜 케이스와 문진

책상 위에 있는 물품을 한데 모아 보관하기 용이하고 자체로도 심플한 디자인 포인트가 됩니다. 문진은 서재나 작업실을 꾸밀 때 분위기를 내기 좋은 소품입니다. 과일, 버블, 풍경 등 다양한 디자인의 문진을 올려 두면 포인트가 됩니다.

### ⋯ 타공판&보드

책상 앞에 타공판이나 보드를 두어 메모를 붙여 놓을 수 있습니다. 공간 중앙에 책상을 배치하는 경우, 책상 앞이나 옆에 보드를 세워 두면 공간을 분리하는 효과가 있습니다. 또한 추억이 담긴 작은 엽서나 사진들을 함께 붙여 둘 수 있어서 서재를 꾸밀 때 꼭 추천하는 아이템입니다.

---

## 나만의 특별한 작업실 만드는 법

바닥재와 조명만 있으면 얼마든지 새로운 무드를 만들 수 있어요.

## 바닥재

바닥의 컬러는 공간에 큰 영향을 줍니다. 과감한 컬러 교체를 통해 색다른 무드를 만들 수 있어요. '원상 복구'가 걱정된다면, '비점착식' 데코타일이나 조각 카펫을 활용해 보세요. 바닥에 접착제를 바르지 않아도 되고 접착을 위해 양면 테이프를 사용하더라도 비교적 쉽게 제거됩니다. 원하는 포인트 색상/재질의 데코타일이나 조각 카펫으로 바닥재를 교체한 후에는 필요에 따라 적절한 가구를 배치하고 조명을 더하면 분위기를 업그레이드할 수 있습니다.

## 조명

- 줄 LED 라인 조명: 라인 조명은 건전지 또는 어댑터를 통해 원하는 길이 만큼 간접 조명을 설치할 수 있는 간편한 제품입니다. 색상도 비교적 다양하게 구성되어 있어 부드러운 무드부터 강렬한 취미방 무드까지 다양한 분위기의 작업실을 만들 수 있어요.

- 포인트 미니 조명: 오로라 무드등, 우주 무드등, 은하수 조명등으로 불리는 미니 무드등을 통해 알록달록한 실내 공간으로 꾸밀 수 있습니다.

# 드레스룸

　가장 나다운 선택이 많이 이루어지는 공간이 어딘지 생각해 본다면, 드레스룸이 아닐까요? 나를 온전히 담아내는 드레스룸은 수납 공간을 넘어, 사용 방식에 맞게 계획되어야 합니다. 일상의 흐름을 반영해 보다 효율적으로 드레스룸을 구성하는 방법을 알아보겠습니다.

# *1.* 드레스룸 배치 방법

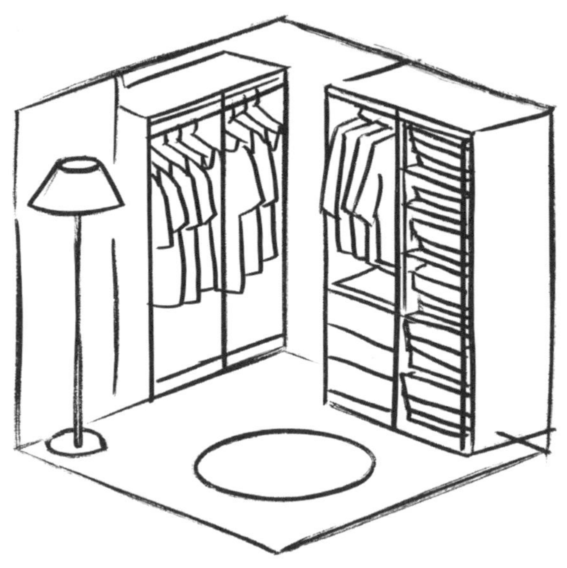

··· ㄱ자형

가장 기본적인 배치로 드레스룸을 처음 구성할 때 자주 쓰이는 형태
입니다. 공간의 두 면을 활용하여 직각으로 ㄱ자형 배치를 하면 좁
은 공간을 더욱 효율적으로 사용할 수 있습니다. 다만 코너 부분의
활용도가 떨어지기 때문에 코너장을 이용해 공간 활용도를 높이는
것이 좋습니다.

　　　2　공간별 스타일링 & 아이템 활용

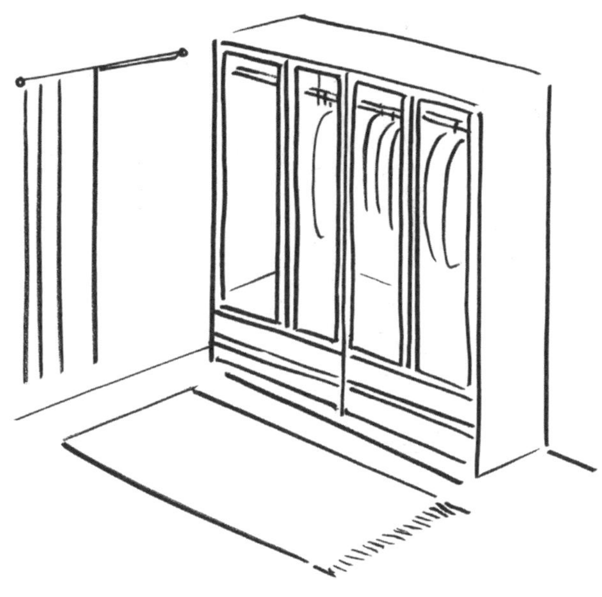

**⋯ 일자형**

좁고 긴 방 혹은 붙박이장과 일반 옷장을 함께 사용하는 경우, 일자형 드레스룸을 배치하면 자연스럽게 공간을 구성할 수 있습니다. 양쪽 벽을 활용하여 단순하지만 가장 깔끔한 배치가 됩니다. 가운데 공간이 있다면 작은 아일랜드장을 두어 포인트를 줄 수도 있습니다.

… ㄷ자형

드레스룸이 넓거나 옷이 많다면 ㄷ자형이 만족스러운 배치가 될 수 있습니다. 공간의 세 면을 감싸는 구조인 만큼 쇼룸에 온 듯한 느낌이 들고 넉넉한 수납이 가능합니다.

# *2.* 드레스룸 가구

### ① 옷장 : 시스템 행거형, 옷장형

**⋯ 시스템 행거형**

벽면에 설치하는 구조로 개방감이 있고 가로 길이를 유연하게 조절할 수 있는 것이 장점입니다. 옷의 컬러나 소재별로 깔끔하게 정리하면 쇼룸처럼 감각적인 분위기를 연출할 수 있어 최근 많은 사람들이 사용하고 있습니다. 다만 옷에 먼지가 앉을 수 있고 공중에 노출되어 있어 옷을 잘 분류해서 걸어 두어야 깔끔해 보입니다.

**⋯ 옷장형**

정돈된 인상을 주며 시각적인 노출을 최소화해 안정감 있는 분위기를 만듭니다. 특히 먼지나 냄새에 민감한 경우, 옷장형을 활용하면 의류를 깔끔하게 관리할 수 있습니다.

## ② 수납/선반장

### ••• 서랍형 수납장

종류별로 분류할 수 있어 실용적이며 화장품이나 속옷, 잡화를 보관하기에 좋습니다. 수납장은 크기도 중요하지만, 내구성과 튼튼한 구조가 우선입니다. 서랍이 처지거나 선반이 휘는 문제는 생각보다 쉽게 발생합니다. 경첩이나 레일의 품질, 하중을 버티는 보강재 여부, 고정 방식 등을 꼼꼼히 확인한 후 구매하는 것이 좋습니다. 벽면 가구의 폭은 30~45cm 사이가 일반적입니다. 너무 깊으면 손이 닿지 않고, 좁으면 안정감이 떨어지므로 40~50cm 정도 사이즈의 수납장을 추천합니다.

### ••• 선반장

수납과 디스플레이 역할을 동시에 하는 가구입니다. 가방이나 모자, 신발 등을 진열하듯 올려두면 드레스룸이 더욱 감각적인 공간이 됩니다. 개방형 선반은 자주 사용하는 물건을 빠르게 꺼내 쓰기에도 효율적입니다.

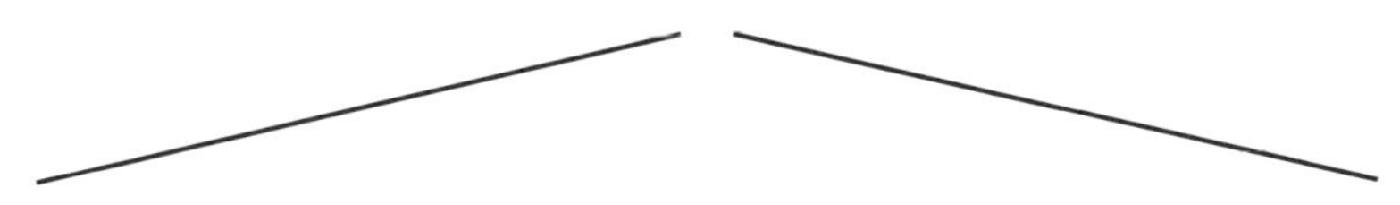

# 자녀방

자녀방은 휴식, 배움, 놀이를 모두 담아내야 하기에 매우 섬세한 스타일링이 필요합니다. 휴식, 배움, 놀이, 이 세 가지를 바탕에 두고 접근해 봅시다.

## 휴식

문을 열었을 때 침대가 정면으로 마주하지 않게 배치하면 외부 자극
에서 자유로운 느낌을 줄 수 있어요. 침대 옆 작은 협탁을 두고 그 위
에 아이가 평소에 좋아하는 책, 작은 무드등을 두면 공간 분위기가
부드러워집니다. 특히 아이가 좋아하는 인형이나 담요를 올려두면
아이는 안정감을 느낄 수 있습니다.

## 배움

아이들이 그림을 그리고, 종이를 오리는 등 창의적인 시간을 보내는
곳이므로 아이만의 작은 책상과 의자를 배치해 주면 좋습니다. 높이
를 조절할 수 있는 책상을 선택하면 책상 다리를 갈아 끼워서 편리하
게 사용할 수 있습니다. 책상의 배치는 공간 가운데나 벽에 붙인 형
태 모두 좋으나 배움의 공간이므로 책장이나 교구장과 어우러질 수
있도록 하는 것이 효과적입니다.

## 놀이

놀이 존을 만들 때 동그랗고 귀여운 프린팅의 러그를 깔아주면 좋습
니다. 주변에 좋아하는 장난감을 두면 아이의 만족도가 올라갑니다.
또한 어질러도 괜찮은 구역이 한 군데쯤 있다면 더 좋습니다.
자녀방은 놀이 공간과 배움 공간이 합쳐져 있고 단독 수면을 취하는
방이 분리돼 있는 경우도 있지만 보통은 이 세 가지가 모두 혼용돼 있
는 경우가 많습니다. 그래서 작은 공간에서도 나름대로의 역할을 잘
할 수 있도록 구분지어 주어야 합니다.

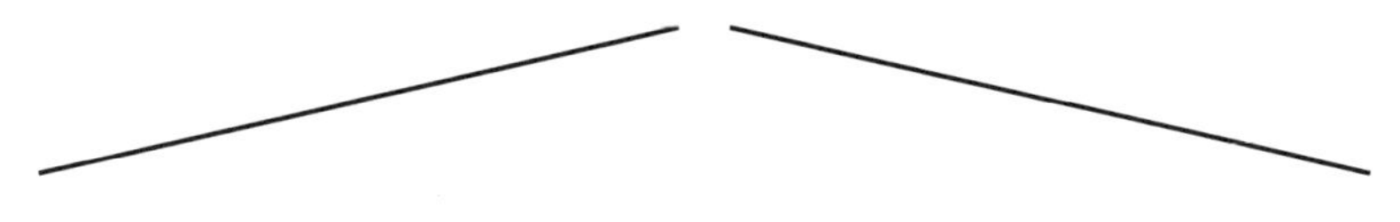

# 현관
# 중문
# 복도

현관, 중문, 복도로 이어지는 길은 집의 첫인상을 결정짓는 곳입니다. 공간의 전체적인 분위기의 흐름을 만들어주는 첫 길인 셈이죠. 그럼 깔끔한 첫인상을 어떻게 남길 수 있는지 한번 알아볼까요?

# *1.* 현관

다음은 현관 타일 덧방 시공 전후 사진입니다. 타일만 교체했을 뿐인데 공간의 분위기가 확 달라진 것을 확인할 수 있습니다.

●⋯타일 시공 전

●⋯타일 시공 후

만약 시공이 어려운 상황이라면 현관에 코일매트나 데코타일을 깔아주는 것도 좋은 방법입니다. 코일매트는 쾌적한 현관 공간을 만들어주고 데코타일은 간편하게 바닥 공간의 분위기를 바꿔주는 편리한 제품입니다. 시공을 하지 않아도 비교적 간편하게 설치할 수 있습니다.

## 신발장은 '보관'보다 '정돈'을 기준으로

신발장에는 자주 신는 신발만 하단이나 오픈 공간에 배치하고, 계절이 지난 신발이나 사용 빈도가 적은 신발은 신발장에 정리하면 효율적입니다. 이때 신발 정리대를 활용하면 신발을 위아래로 겹쳐 보관할 수 있어 수납 효율을 높일 수 있습니다.

## 바닥은 최대한 비워두기

현관 바닥에 신발이나 물건이 쌓이기 시작하면 공간이 실제보다 좁아 보일 수 있습니다. 외출용 가방이나 우산, 택배 박스 등을 임시로 두기보다 신발장이나 벽면 수납을 활용해 바닥을 비워두는 것이 좋습니다. 바닥 면적이 깔끔하게 확보되면 현관은 더 넓고 쾌적하게 느껴지고, 청소와 관리 또한 훨씬 수월해집니다.

## 집 전체 분위기와 연결하기

현관은 집 안의 분위기가 시작되는 첫 지점입니다. 현관에서 느껴지는 인상이 거실이나 복도로 자연스럽게 이어지면 공간 전체의 완성도가 높아집니다. 예를 들어 거실이 따뜻한 우드 톤이라면 현관에도 비슷한 톤의 수납장이나 소품을 활용하고, 미니멀한 인테리어라면 장식 요소를 최소화해 통일감을 유지하는 것이 좋습니다. 작은 디테일이지만 이런 연결감은 집 전체가 하나의 흐름에 있는 듯한 인상을 만들어 줍니다.

# *2.* 중문

중문은 외풍과 소음을 차단하고 현관문을 열었을 때 공간이 바로 보이지 않아 프라이버시를 보호해 줍니다. 중문은 크게 시공형과 비시공형 중문으로 나눌 수 있어요. 시공형 중문에는 여닫이, 슬라이딩, 자동문이 있고 비시공형 중문에는 커튼, 가벽 파티션 등이 있습니다.

　　2　공간별 스타일링 & 아이템 활용

### ··· 여닫이 중문

문이 한쪽 방향으로만 열리고 닫히는 구조입니다. 일반적인 방문과 비슷하게 한 방향으로 밀거나 당겨서 여는 방식으로, 설치가 비교적 간단하며 공간을 크게 차지하지 않는다는 장점이 있어요. 문을 열었을 때 문이 벽 쪽에 붙어 공간이 깔끔하게 유지되고 문을 여닫는 동선도 명확합니다.

### ··· 양방향 중문

문이 앞뒤로 모두 열리고 닫히는, 말 그대로 양방향으로 문이 열리는 형태의 중문입니다. 편하게 문을 밀고 들어올 수 있어 생활 동선이 편리합니다. 양손 가득 짐을 들었을 때나 급히 나가야 될 때 문 여는 스트레스를 줄일 수 있죠. 문 여닫는 힘을 조절할 수 있는 '댐퍼' 기능이 있는 제품을 고르면 더욱 안전하게 이용할 수 있습니다.

### ··· 슬라이딩 중문

문이 옆으로 미끄러지듯 열리는 구조로 문 열리는 반경을 고려할 필요가 없어 공간 활용에 매우 효율적입니다. 경첩 소리도 없고 여닫을 때 힘이 거의 들지 않아요. 단, 문이 미끄러져서 들어갈 공간이 있어야 하기 때문에 설치 전에 벽 쪽의 여유 공간을 꼭 확인해야 합니다. 1연동 슬라이딩 도어는 문이 미끄러져 들어갈 벽 한 쪽이 비어 있어야 하는데, 문 1장 사이즈를 최소한으로 필요한 여유 공간으로 생각하면 좋습니다.

하지만 많이 설치하는 중문 중 하나인 3연동 중문은 조금 다른데요. 3연동 도어의 경우, 3장의 문이 서로 겹쳐서 한 방향으로 이동하는 구조기 때문에 문이 차지할 1장 분량의 여유 공간만 확보하면 됩니다.

●…여닫이 중문

●…양방향 중문

　　　　2　공간별 스타일링 & 아이템 활용

●…슬라이딩 중문

**+ 중문을 고를 때 체크해야 할 디자인 포인트 6가지**

1. 우리 집 인테리어 분위기랑 잘 어울릴까?
중문은 공간의 첫인상을 결정짓는 요소이기 때문에 집의 무드에 따라 프레임의 컬러, 유리 소재, 손잡이 형태 등을 고려해야 합니다.

2. 유리 종류
개방감을 주고 시야 확보에 도움이 되는 투명한 유리, 은은한 개방감을 주고 디자인에 포인트가 되어 주는 모루 유리, 완벽한 프라이버시를 보장하고 고급스러운 무드를 주는 불투명 유리 등 공간의 무드와 공간을 사용하는 사람의 필요에 맞게 유리를 선택하세요.

3. 프레임 두께와 컬러
두꺼운 프레임은 시크하고 견고해 보이고, 얇은 프레임은 가벼워 보이면서 감성적인 느낌을 줍니다. 프레임을 고려할 때 손잡이 디자인을 둥글게 할지, 반듯하게 할지, 매립형으로 할지 함께 고려하면 좋습니다.

4. 프레임은 바닥과 잘 어울리는 소재로 선택하기
프레임이 바닥과 맞지 않게 너무 튀는 컬러인 경우, 중문이 동떨어져 보일 수 있어요. 바닥과 자연스럽게 어울리는 소재로 프레임 색상을 매치하세요. 현관 바닥이 타일이면 중문 프레임은 차분한 메탈 또는 블랙 컬러가 어울리고, 바닥이 따뜻한 우드톤이라면 베이지, 크림, 우드 프레임도 잘 어울립니다.

---

5. 여러 방향에서 체크해 보기

중문은 현관에서만 보이는 게 아니라 거실과 주방 사이에서, 구조에 따라 계단 위에서도 보입니다. 여러 각도에서 중문이 주변과 조화를 이루는지 체크해 주세요.

6. 감성도 좋지만, 실용성도 고려하기

중문은 제일 먼저 보이는 문인 만큼 자주 열고 닫습니다. 그래서 광이 많이 나거나 블랙 톤인 중문의 경우, 처음에는 예쁜 것 같아도 손자국, 먼지, 물기 자국이 눈에 잘 띕니다. 디자인을 고를 때 청소 난이도가 낮은 디자인을 선택하는 것이 중문을 편하고 예쁘게 유지할 수 있는 방법입니다. 무광 프레임은 자국이 덜 남습니다. 여기에 부드러운 패턴 유리를 활용해 먼지나 손자국에서 시선을 분산시킬 수 있도록 약간 톤다운된 컬러 프레임으로 중문을 고르면 좋습니다.

# *3.* 복도

복도는 현관에서 거실로, 거실에서 방으로 집안의 이야기가 시작되는 통로입니다. 작지만 의미 있게, 차분하지만 감도 있게 통로를 채워주면 좋습니다. 좁고 긴 구조의 복도에서는 벽면 데코레이션을 활용한 스타일링이 포인트입니다.

   2  공간별 스타일링 & 아이템 활용

••• 포스터와 사진

벽면에 포스터나 사진을 걸어두는 것은 가장 보편적이면서도 효과적인 스타일링 방법입니다. 큼지막한 포스터 하나를 포인트 있게 걸어도 좋고 작은 액자 세 개를 나란히 배치하는 것도 통일감을 주는 좋은 방법입니다.


••• 조명

액자 위로 작은 갤러리 조명이나 간접등을 설치하면 그림자와 명암이 생기면서 복도에 깊이감을 줍니다. 그렇지만 조명만으로도 입체감을 부여할 수 있습니다. 액자 위쪽에 미니 스팟 조명을 설치하거나 간접등 박스를 만들어 조명이 은은하게 비춰질 수 있도록 연출할 수 있습니다.


••• 벽선반

복도 벽면에 작은 벽선반을 조금 높게 달아서 포인트를 주는 것도 좋은 스타일링 방법 중 하나입니다. 특히 무지주(無支柱) 벽선반(지지대나 받침대가 외부에서 보이지 않게 설계된 선반)을 활용하면 받침이 보이지 않아 깔끔합니다. 설치된 선반 위에는 디퓨저, 액자, 작은 오브제로 데코레이션할 수 있습니다.

# 다용도실 & 베란다

그동안 단순한 수납 공간이나 세탁기 자리로만 생각했던 베란다. 시선을 조금 달리하면 집안에서 가장 특별한 공간이 될 수 있습니다. 좁은 면적과 제약이 많은 구조라 포기하기 쉽지만 오히려 그런 점 때문에 작은 변화로도 분위기가 크게 달라집니다. 조용한 휴식처가 되어 줄 베란다 스타일링에 대해 알려 드릴게요.

# 1. 바닥재만 바꿔도 분위기 반전!

조립식 플라스틱 타일, 데코타일, 인조 잔디 등 원하는 무드에 따라 바닥재를 변경하면 조금 더 정돈되고 따뜻한 무드를 만들 수 있습니다. 이러한 재질의 바닥재는 비교적 손쉽게 셀프로 설치할 수 있습니다. 바닥의 재질을 바꾸게 되면 베란다가 부속 공간이 아닌 방처럼 느껴져서 동떨어진 공간이 아니라 자주 가고 싶은 특별한 아지트가 될 거예요.

# *2.* 베란다의 활용

베란다는 어떻게 사용하고 싶은지에 따라 다양한 무드로 활용할 수 있어요. 빨래를 널거나 수납용으로 쓰던 공간을 조금 다르게 보면 확장된 생활의 영역으로 바뀔 수 있습니다. 감성적인 조명과 캠핑 체어를 두면 나만의 캠핑존이 되고 푹신한 러그와 쿠션을 놓으면 퇴근 후 휴식 공간이 됩니다.

아이가 있다면 놀이 매트와 장난감을 두어 안전하고 밝은 놀이 공간으로도 활용할 수 있죠. 베란다는 가족의 취향과 생활 패턴에 맞게 가장 유연하게 변주할 수 있습니다. 베란다를 다양한 무드로 연출할 수 있는 방법을 소개해 볼게요.

**나만의 캠핑 공간**

캠핑을 좋아하지만 자주 못 가서 아쉽다면?

베란다에 매트를 깔고 캠핑용 작은 테이블과 의자를 두어 캠핑장 분위기를 만들 수 있습니다. 작지만 효과적인 알전구 조명등을 활용하면 저녁에 분위기를 한껏 끌어올릴 수 있어요.

## 일과 후 휴식 공간

퇴근하고 또는 휴일에 편하게 앉아 음료도 마시고 디저트도 즐길 수 있는 공간으로 꾸밀 수 있습니다.

베란다에 회전형 또는 빈백 체어를 배치하고 가운데 협탁을 두면 캠핑용 의자/테이블과는 또 다른 포근하고 편안한 공간이 됩니다.

　　2  공간별 스타일링 & 아이템 활용

## 아이의 놀이 공간

베란다 공간이 널찍하다면 날씨가 따뜻한 계절에 아이를 위한 놀이 공간으로 활용할 수 있습니다. 관리하기 편한 타일로 바닥을 교체한 후, 책장과 수납장을 두어 색다른 놀이 공간으로 만들어 줄 수 있습니다. 인디언 텐트, 귀여운 방석 등을 활용하면 놀이 공간의 디테일을 살릴 수 있어요!

## + 배치를 가상 공간에 구현해 보기

기본적인 배치 방법을 익혔다면 이제 본격적으로 머릿속에 있는 나만의 '공간'을 구현해 볼 시간입니다. 상상만으로 공간을 완성하는 건 매우 어려운 일입니다. 가구 크기, 동선, 시야 등은 직접 눈으로 확인했을 때 감이 오는 경우가 많아요. 그래서 구상한 공간을 제대로 확인할 수 있는 시각화 방법을 정리해 봤습니다.

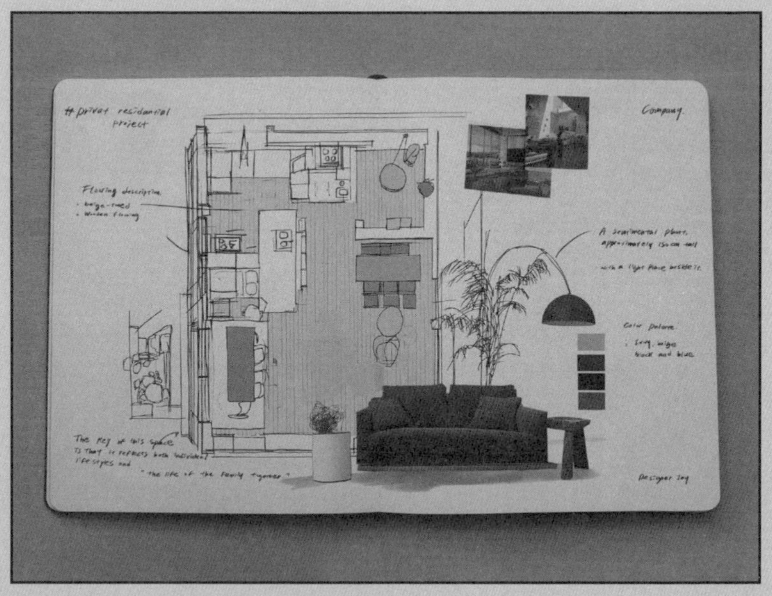

● ⋯ 구현 방법1_ 노트에 그려보기

## *1* 노트에 그려 보기

가장 따뜻하고 직관적인 방법, 나만의 드로잉!
아날로그적인 방법이 편하신가요? 손으로 직접 그리는 방법
은 종이 한 장, 펜 하나면 당장 시작할 수 있는 아주 간편한
방법입니다. 물론 정확성은 떨어지겠지만 대략적인 '구상' 정
도로는 충분합니다.

노트에 그릴 때 정확한 비율보다 '구성'이 더 중요합니다. 공
간 크기를 대략적으로 그려보고 벽, 문, 창문 위치 등을 표시
해 보세요. 엉성해도 괜찮습니다. 내가 공간을 이해하고 아이
디어를 정리하는 가장 감성적인 방법이라고 생각하면 돼요.
지울 수 있는 샤프나 연필로 그리면 더 좋아요. 연필로 그린
후에 나의 배치가 맘에 든다면 마커나 색연필로 포인트 가
구만 색을 입혀 보세요. 내가 좋아하는 무드의 인테리어 사
진을 붙이면 아이디어는 더욱 풍성해집니다. 이걸 바로 콜라
주라고도 하죠!

## *2*  축척자로 그려 보기

비율 감각을 익히는 첫걸음
조금 더 구체적인 구상을 위해 축적자로 평면도를 그리는 방법이 있습니다. 축척자(스케일자)에서 1:25 비율을 사용하면 적당한 비율로 가구 배치를 구상할 수 있습니다.

'축척'이란 실제 크기를 줄여서 종이에 비율로 표현하는 방법입니다. 지도에 실제 비율보다 작게 표시하는 것처럼 큰 공간도 작은 종이 안에 표현할 수 있죠. 작은 종이에 표현할 수 있도록 물품의 가로*세로 비율이 일정하게 줄어들 수 있도록 그 비율을 조정한 것입니다.

예를 들면 침대가 200cm(2m)라고 했을 때 1:25 축척 도면에서는 8cm로 줄어들게 되죠(200/25=8). 1:25 비율로 줄여서 표기할 경우에 A4 용지 기준으로 가장 적당하게 공간과 가구 사이즈를 표기할 수 있습니다.

### *3* 3D 모델링 프로그램 활용하기

3D 모델링은 공간을 입체적으로 재현해 가구 배치, 동선, 색
감, 조명 등을 미리 확인해 볼 수 있습니다. 실제에 가깝게 시
각화할 수 있어 스타일링 전, 사전 기획 단계에서 매우 간편
하고 유용한 도구입니다.

**아키스케치**

클릭만으로 손쉽게 3D 공간을 만들 수 있는 무료 프로그램으로 다양한 가구 모델을 불러올 수 있습니다. '오늘의집' 3D 인테리어 메뉴에서 이용할 수 있어 접근성이 매우 좋아요. 아파트의 경우, 주소 검색만으로 평형대별 도면이 제공돼 도면을 직접 그리는 시간을 줄여줍니다. 2D와 3D 화면이 모두 제공되기 때문에 3D가 익숙하지 않다면 2D 배치부터 연습해 보세요. 완성된 이미지를 저장해 다른 참고 이미지와 함께 구성하면 원하는 무드와 배치를 PC상에서 시각적으로 설계할 수 있습니다.

**스케치업**

조금 더 전문적인 결과물을 원한다면 '스케치업'을 활용해 보세요. 스케치업은 인테리어 디자이너와 건축가들이 사용하는 정밀한 3D 프로그램으로 조작이 직관적이기 때문에 초보자도 조작법을 빠르게 습득할 수 있어요. 무료 체험판을 일정 기간 이용할 수 있어 단기 프로젝트에도 적합합니다. 스케치업의 강점은 '3D Warehouse'라는 라이브러리입니다. 침대, 소파, 조명, 식물 등 다양한 가구와 소품을 불러와 실제 공간처럼 배치해 볼 수 있습니다. 완성 후에는 위·옆·정면·사람의 눈높이 등 다양한 시점에서 공간을 확인할 수 있어 실제 공간을 걸어다니는 느낌이 듭니다. 가상으로 배치해 봤다고 하더라도 실제 공간에 가구가 어느 정도 차지할지 감이 오지 않을 수 있어요. 그럴 때는 마스킹 테이프를 활용해 보세요.

### 마스킹 테이프

실제 가구가 차지하는 사이즈만큼 바닥 또는 벽에 마스킹 테이프를 붙여서 공간감을 확인할 수 있습니다. 바닥에 가구 크기만큼 테이프를 붙여서 실제로 가구가 공간을 얼마나 차지하는지 그 범위를 시각적으로 확인하는 방법입니다.

침대, 책상, 소파, 식탁 등의 배치를 마스킹 테이프로 표시해 보면 실제로 지나다니는 동선이나 여유 공간이 얼마나 남는지 바로 체감할 수 있어서 인테리어 디자이너들이 현장에서 자주 쓰는 팁입니다. 비교적 눈에 잘 띄는 노랑색이나 파란색을 사용하면 가구 배치를 가늠하기 더욱 편합니다. 폭은 25mm 정도의 마스킹 테이프를 활용하면 적당합니다.

### 마스킹 테이프가 없다면

급하게 가구 크기를 확인해야 하는데 마스킹 테이프가 없다면 가구 대체물을 놓아보는 방법을 추천합니다. 버리기 위해 한쪽 구석에 두었던 박스, 신문지 등을 가구 크기만큼 잘라서 놓아보세요. 냉장고 자리에 박스 2개를 세워보거나 큰 신문지를 오려 가구 크기만큼 바닥에 깔아서 가늠해 보는 거예요.

### 배치 후 걸어보기

붙여둔 마스킹 테이프나 놓아둔 상자 옆으로 동선을 따라 움직여 보는 것도 공간 배치를 가늠할 때 큰 도움이 됩니다. '내가 여기 앉으면, 저기까지 걸어가는데 어느 정도 공간이 필요할까'를 고려하며 걸어보고, 돌아보고, 앉아보는 것도 종종 쓰는 방법입데다. 이 작업은 단순히 걷는 게 아니라 내가 이 공간을 얼마나 편하게 이용할 수 있는지 몸소 체험해 보는 것입니다.

**나만의 동선 시뮬레이션 체크리스트**

**가구 동선 체크**

☐ 의자에 앉았다가 의자를 뒤로 뺄 수 있다

   (90cm 이상 확보)

   체크 _  느낀 점 메모 _______________________

☐ 소파 근처를 지나다닐 때 큰 불편함이 없다

   (60cm 이상 확보)

   체크 _  느낀 점 메모 _______________________

☐ 침대에서 일어나서 옆으로 빠질 공간이 있다

☐ 테이블에 앉은 사람 뒤로 다른 사람이 지나갈 수 있다

**문/수납장 열림 체크**

☐ 냉장고 문을 열었을 때 사람 한 명이 지나갈 수 있다

☐ 수납장 서랍을 열었을 때 동선이 방해되지 않는다

☐ 방문을 열었을 때 가구와 부딪히지 않는다

☐ 화장실 문을 여닫기 편하다

**생활 동선 파악**

☐ 아침에 침대에서 일어나 화장실로 가기 편하다

☐ 주방에서 요리할 때

   냉장고 → 조리대 → 싱크대 이동이 편하다

☐ 옷을 입고 옷장, 전신 거울까지 이동이 편리하다

☐ 책상에서 일하다가 스트레칭할 여유 공간이 있다

☐ 밤에 조명을 끄러 갈 때 걸리는 것이 없다

Part

3

홈데코 아이템

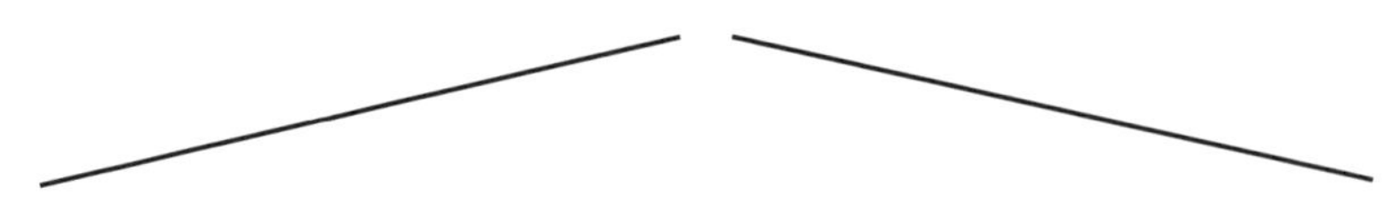

# 패브릭
# 아이템

패브릭은 부드러운 질감과 다양한 색상, 패턴을 통해 공간 무드를 결정하는 중요한 역할을 합니다. 대표적으로 커튼, 쿠션, 러그, 침구류 등의 패브릭 아이템은 공간의 색감을 조정하고 공간을 한층 더 스타일리시하게 완성해 줍니다. 베이지와 아이보리 컬러의 패브릭을 활용하면 내추럴하고 포근한 분위기를 연출할 수 있고, 모노톤 패브릭을 사용하면 모던하고 세련된 느낌을 줄 수 있죠.

또한 계절에 따라 손쉽게 바꿀 수 있어 인테리어 분위기를 유연하게 변주할 수 있습니다. 여름에는 린넨이나 시어서커 같은 가벼운 소재를 사용하고, 겨울에는 벨벳이나 니트 같은 따뜻한 소재를 활용하면 계절감이 더욱 살아나죠. 패브릭 아이템은 대부분 실용성을 겸비한 경우가 많습니다. 하나씩 특징을 살펴보고 집에 어울릴 만한 요소를 찾아 적용해 보세요.

# *1.* 커튼/블라인드

패브릭 커튼과 블라인드는 빛을 조절하고 프라이버시를 보호해 줍니다. 적절한 암막은 숙면을 돕고 외부 소음을 완화하는 데 효과적입니다. 특히 방한 효과가 있어 우풍을 어느 정도 막아주는 기능도 합니다. 또한 제품의 색상과 재질에 따라 공간의 무드를 좌우합니다.

### ✔ 커튼, 블라인드의 종류 핵심만 파헤치기

커튼은 크게 겉커튼, 속커튼으로 나뉩니다. 겉커튼은 생활에서의 채광을 막아주는 도톰한 커튼으로 일반 생활 암막과 100% 암막 기능이 있는 제품이 있습니다. 속커튼은 채광을 막아주진 못하지만 공간에 은은함을 더해주며 겉커튼을 보조하는 역할을 합니다.

## 롤스크린

천으로 된 소재를 위아래로 내리는 형태로 심플한 디자인입니다. 깔끔하고 미니멀한 인상을 주며 가격이 매우 합리적입니다.

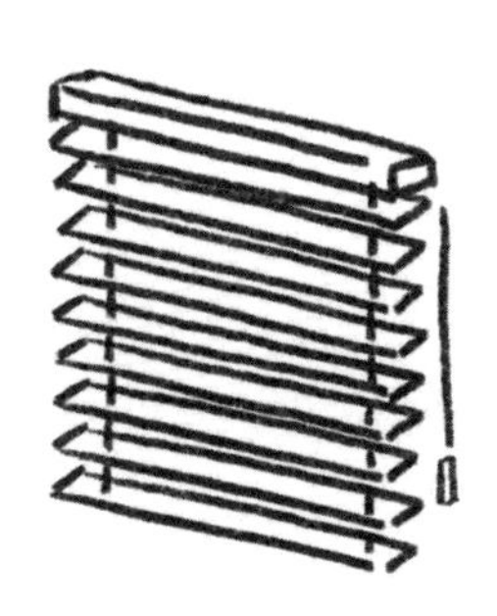

## 우드 블라인드

무게감이 있어 공간에 안정감을 더해줍니다. 빛을 섬세하게 조절할 수 있고 시야 차단과 채광 효과가 좋습니다. 우드톤뿐 아니라 무채색, 컬러 제품까지 선택의 폭이 넓습니다.

## 콤비 블라인드

반투명 원단과 불투명 원단이 서로 교차되는 블라인드입니다. 원단 위치를 조정하여 채광을 조절할 수 있고 가성비도 좋아서 선호도가 높습니다. 소재와 작동 특성상 먼지가 잘 쌓이지 않고 부드러운 천으로 가볍게 닦아내면 돼서 관리도 간편합니다.

## 허니콤 블라인드

벌집 구조의 공기층이 있는 블라인드 입니다. 비교적 부드러운 재질로 만들어져 있고 약간의 포켓 공간이 있어 다른 블라인드에 비해 단열과 방음 효과가 있습니다. 부드럽고 포근한 분위기 연출에 좋습니다.

## 알루미늄 블라인드

얇은 알루미늄 슬랫이 가로로 배열된 형태의 블라인드입니다. 깔끔하고 모던한 공간을 연출할 때 활용하기 좋고 햇빛의 양을 조절할 수 있습니다. 습기에 강하기 때문에 주방과 화장실처럼 물이 튀는 공간에 추천합니다. 바람이 많이 드는 창가에 설치하면 휨 현상이 발생할 수 있기 때문에 이 점을 고려해야 합니다.

## 트리플 쉐이드

두 겹의 천 사이에 S자 형태의 패브릭이 끼워져 있는 블라인드 입니다. 햇빛 조절에 탁월하며 빛이 부드럽게 들어와 고급스럽고 은은한 분위기를 줍니다. 가격대는 다른 블라인드에 비해 비교적 높게 형성되어 있습니다.

# 블라인드 사이즈 재는 방법

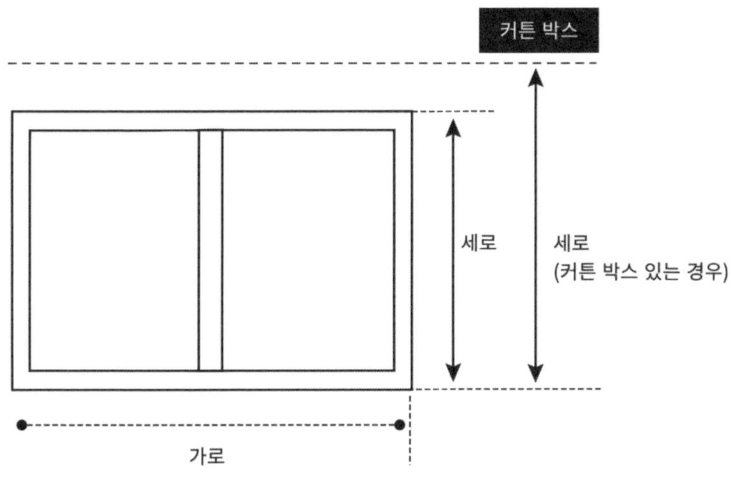


> **창틀 바깥쪽으로 블라인드 설치할 때**
>
> 가로(창틀 시작에서 끝) X 세로
>
> (커튼 박스가 있을 경우, 커튼 박스 안쪽 천장부터 창틀 세로 끝)

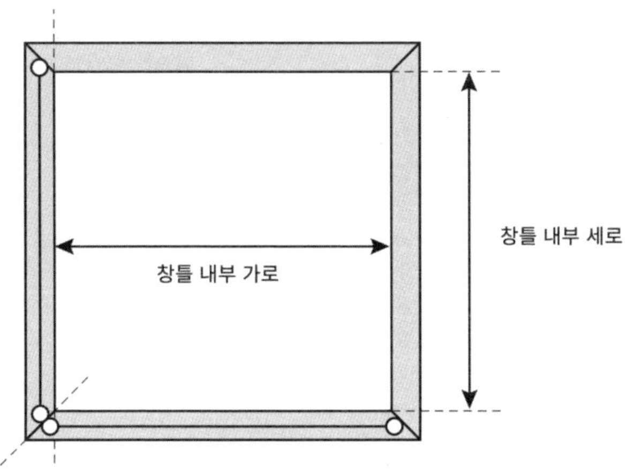


**창틀 안에 블라인드를 설치할 때**

창틀의 시작과 끝지점에서 각각 가로와 세로를 실측합니다.

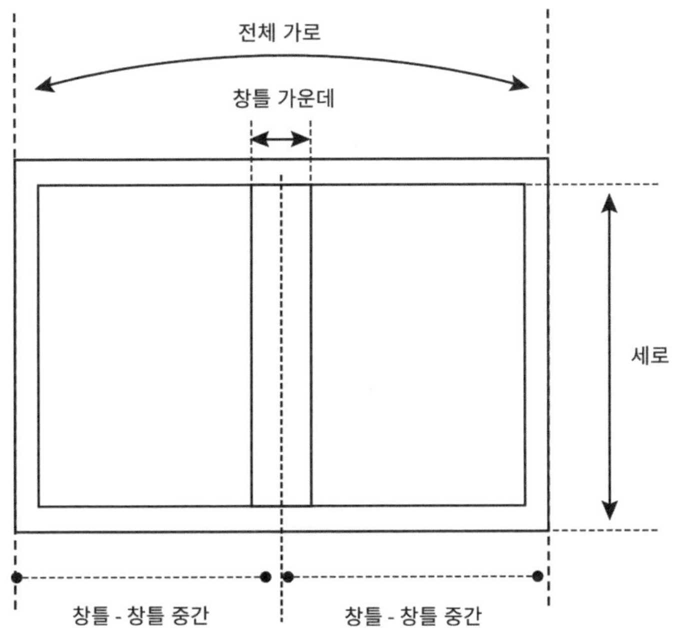


**한 창에 두 개의 블라인드를 설치할 때**

창의 가로 길이가 긴 경우, 창틀과 창틀 중간 지점을 반으로 나누어 실측하고 정확한 실측을 위해 가운데 창틀 사이즈를 별도로 추가하여 실측하면 좋습니다.

# 커튼 사이즈 재는 방법

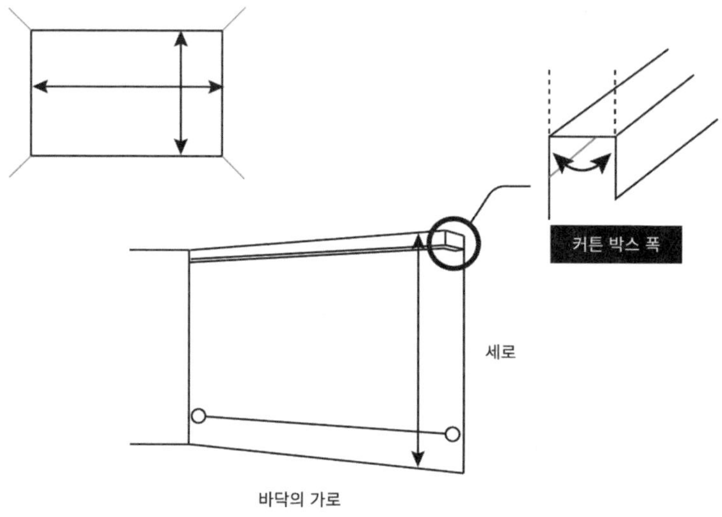



## 공간 벽면을 전체적으로 덮을 때

가로는 벽면이 시작하는 지점부터 끝 지점까지 평평한 상태에서 줄자로 실측합니다. 세로 실측은 커튼 박스가 있는 경우, 바닥 끝에서 커튼 박스 안쪽 천장까지 실측하고, 커튼 박스가 없는 경우, 바닥에서 천장까지의 길이를 실측합니다. 가로 길이의 오차 범위는 어느 정도 허용되지만 세로 길이는 정확해야 합니다. 줄자를 반드시 평평히 하고 정확히 재야 가장 예쁜 길이감으로 커튼을 설치할 수 있습니다.

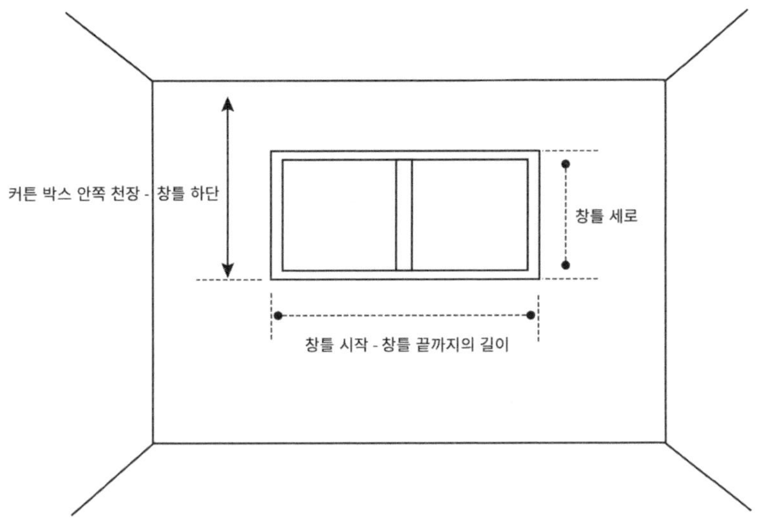


**다양한 형태**

이 외에 반창을 가리는 커튼, 벽면에 중간까지 오는 커튼도 먼저 가로 길이를 실측 후 제작하고 싶은 만큼의 정확한 세로 사이즈를 실측합니다.

## 중요 1 》 커튼 박스의 폭

커튼의 사이즈를 잴 때는 가로X세로도 중요하지만 선택한 원
단의 주름이나 제품 두 개를 달 수 있을 만큼의 커튼 박스의 '폭'
에 여유가 있는지 확인해야 합니다. 예를 들어 겉커튼과 속커튼
을 모두 달고 싶은데 커튼 박스에 여유가 없으면 커튼이 눌릴
수 있으니 체크해야 합니다.

겉커튼과 속커튼을 함께 달 계획이라면 커튼 박스의 폭을 최
소 15cm 이상 확보해야 합니다. 이 정도가 두 겹의 커튼이 서
로 간섭하지 않고 자연스럽게 움직일 수 있는 최소 기준입니
다. 하지만 겉커튼의 원단이 두껍거나 주름이 풍성한 경우에
는 18~20cm 정도로 여유 있게 시공하는 것이 좋습니다. 이렇
게 하면 커튼이 부드럽게 겹치며 떨어지고 전체적인 실루엣이
훨씬 안정적입니다.

## 중요 2 》실측 사이즈와 제작 사이즈

커튼 업체에 제작을 맡기면 보통 방문해서 실측을 진행하지만 인터넷에서 커튼을 구입하거나 직접 실측을 해서 업체 쇼룸에 상담을 받는 경우도 있습니다. 대부분 정확한 실측 사이즈를 요청하지만 완성되었으면 하는 희망 사이즈를 물어보는 업체도 있습니다. 업체와 상담 시 오해가 생기지 않으려면 실측 사이즈와 완성된 사이즈(=제작 사이즈)를 처음부터 구분해서 소통해야 합니다.

# *2.* 러그/카페트

가구를 다 채웠는데도 아쉬움이 남는 경우, 대게 소품을 활용합니다. 이때 팁은 러그를 깔아보는 거예요! 러그는 분위기를 선명하게 바꿔주는 아이템으로 공간에 안정감을 주고 원하는 무드를 극대화합니다.

특히 바닥 면적이 넓은 거실이나 침실 공간의 경우, 러그의 유무에 따라 공간의 완성도가 달라 보일 수 있어요. 그럼 이제 공간에 어울리는 러그의 선택 기준부터 적절한 사이즈에 대한 팁을 안내해 드릴게요.

---

## ① 러그 선택 기준

거실처럼 자주 드나드는 곳은 내구성이 좋은 소재의 러그를 추천해요. 털이 길지 않은 단모 소재의 러그나 사이잘룩 러그를 활용하면 좋습니다. 침실 등 거실보다 작은 공간이라면 따뜻하고 부드러운 촉감의 러그를 선택하는 것이 좋아요. 물론 취향에 따라 거실에도 풍성한 장모 러그를 깔 수도 있어요.

••• 장모 러그(Long Pile)
모의 길이가 길고 풍성합니다. 발이 파묻히는 느낌이 들고 겨울철에 보온 효과가 매우 뛰어나죠. 대신 먼지나 머리카락이 박히기 쉽고 관리가 번거롭다는 단점이 있습니다.

★ 추천 컨셉 : 포근하고 감성적인 무드, 아늑한 무드

••• 단모 러그(Short Pile)
모의 길이가 1cm 이하로 짧고 촘촘합니다. 보온성은 다소 낮지만 깔끔한 느낌을 줄 수 있어요. 청소 및 관리가 편리해서 거실이나 식탁 아래 등 실용적인 공간에 두기 좋습니다.

★ 추천 컨셉 : 미니멀, 모던 인테리어

## ② 소파와 러그

소파보다 크거나 비슷한 크기의 러그를 고르는 것이 포인트입니다. 러그가 소파보다 크면 시선이 자연스럽게 바닥으로 쏠리면서 공간이 더 넓고 여유 있어 보입니다. 또한 비교적 큰 거실이나 오픈형 구조에서는 안정적이면서도 고급스러운 분위기를 연출할 수 있습니다. 소파와 비슷한 크기의 러그를 선택하면 가구 배치가 정돈되어 보이고, 시선이 분산되지 않아 아늑하고 안정적인 인상을 줍니다. 특히 우리나라 아파트처럼 거실 면적이 한정된 공간에서 가장 무난하게 잘 어울립니다.

## ③ 침대와 러그

침실 러그는 배치에는 두 가지 방법이 있습니다. 첫째, 침대 바로 아래에 까는 방식과 둘째, 침대 옆에 배치하는 방식입니다. 침대 바로 아래에 러그를 배치하는 방법은 퀸사이즈 이상의 침대에서 효과가 있습니다. 매트리스 가로 폭보다 큰 러그를 선택해, 침대 아래쪽으로 매트리스 길이의 약 1/2~1/3 지점까지 걸치듯 깔아주면 공간에 포인트가 생기면서 침실이 한층 안정적으로 보입니다. 침실 바닥 면적이 넉넉해 보이는 효과도 함께 얻을 수 있습니다.

침대 옆에 러그를 배치하는 방법은 싱글부터 퀸사이즈 침대까지 폭넓게 활용할 수 있는 방식입니다. 세로가 길고 폭이 좁은 형태의 러그를 침대 옆에 두면 침대에서 내려오는 동선이 자연스럽게 정리되면서 실용성과 분위기를 동시에 챙길 수 있습니다. 이러한 러그는 '침실 러그' 또는 '침실 매트'라고도 불리며 공간에 부담을 주지 않으면서도 침실에 따뜻한 분위기를 더해줍니다.

**Q. 러그의 털날림이 싫은데, 공간을 구획하고 싶어요.**

A. 먼지 때문에 러그를 선호하지 않는 분들이라면 '사이잘룩 러그'를 추천합니다. 사이잘이라는 천연 섬유로 만들어져 먼지를 흡수하지 않기 때문에 위생적인 환경을 유지하는 데 도움이 됩니다. 관리도 쉬워 물티슈나 청소기로 간편하게 먼지나 오염을 제거할 수 있죠. 가성비 있는 제품을 원한다면 합성 섬유(폴리에스터)로 만들어진 러그를 고려해 보는 것도 좋습니다.

**Q. 침실, 거실 말고도 바닥에 까는 패브릭 제품이 있나요?**

A. 발매트가 있습니다. 주방이나 욕실 앞처럼 물기가 많은 곳에 주방 매트나 욕실 매트를 깔아주면 포인트가 되면서도 기능적인 요소를 더할 수 있습니다. 또한 현관 앞에 발매트를 깔아 공간의 아이덴티티를 강조할 수 있죠.

타일 카펫은 공간의 무드를 간편하게 바꿔줄 수 있는 아이템으로, 오염 시 간단하게 타일 조각 부분만 떼어내서 닦거나 교체가 용이해 관리가 편한 바닥용 패브릭 제품입니다.

**디자이너 pick 발매트 사이트**

### 핀카

유니크한 빈티지 발매트를 찾는다면 추천합니다. 기본적으로 색감이 좋고 패턴을 활용한 디자인이 많아 세련된 무드를 연출합니다.

### 보웰

단순하면서도 명확한 일러스트 디자인, 도톰하고 큼직한 레터링과 패턴의 제품들을 구경할 수 있습니다. 타올 재질의 욕실 매트부터 자가드 주방 매트까지. 과하지 않은 특별함을 더해줍니다.

### 메종드룸룸

감성적인 패턴은 물론 세련되고 차분함을 더한 제품부터 베이직한 제품까지 있어 자연스럽게 어우러지는 발매트가 필요할 때 좋습니다.

### 이씨라메종

프리미엄 리빙 프랜드로 퀄리티 높은 수입 러그를 전문적으로 취급하고 있어요. 단조롭지만 패턴이 조금씩 들어가 있어 과한 변화가 싫은 분들에게 추천합니다.

### 데이드리머

다양한 패턴의 러그를 보유한 브랜드입니다. 모던하거나 키치한 패턴, 추상적이고 유니크한 디자인까지 아우르는 브랜드로, 공간에 포인트를 더하고 싶을 때 추천하는 브랜드입니다.

### 라익디스

러그를 처음 시도하는 분들이나 반려동물과 함께 생활하는 분, 세탁과 관리가 쉬운 제품을 찾는 분들께 추천합니다.

### 리튼

패턴이 과하지 않으면서도 공간에 포인트를 주는 디자인으로 잘 알려진 브랜드입니다. 감성적인 라인이 많아 미니멀한 인테리어에 잘 어울립니다. 러그의 밀도와 탄탄함이 좋아 장기간 사용하기에도 부담 없다는 것이 장점입니다.

### 커브스 바이 션 브라운

디자이너 션 브라운이 이끄는 브랜드로, CD 모양의 러그가 특징입니다. 가격이 다소 부담스러울 수 있지만, 포인트 주기에 좋습니다. 가구의 뾰족한 다리를 중앙 구멍에 맞춰 놓으면 센스 있는 인테리어를 완성할 수 있습니다.

### 라셀 캠벨

해외 디자이너 라셀 캠벨이 코로나19로 단조로워진 일상을 깨기 위해 자신의 어린 시절 추억을 떠올리며 제작하게 된 브랜드입니다. 추상적이며 역동적인 형태가 특징입니다.

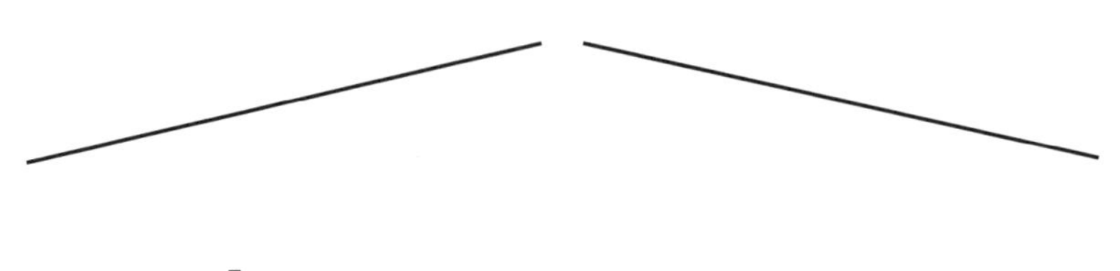

# 조명

조명의 온도와 밝기에 따라 공간의 분위기가 달라집니다. 따뜻한 색감의 조명은 아늑하고 편안한 분위기를 조성하는 반면, 차가운 색온도의 조명은 현대적이고 깔끔한 느낌을 강조하죠.

조명에 따라 공간의 다양한 연출이 가능합니다. 예를 들어 거실에 간접 조명을 함께 배치하면 따뜻한 분위기를 연출할 수 있습니다. 침실에는 부드러운 독서등이나 무드등을 배치해 편안한 공간을 만들 수 있습니다.

# *1.* 조명의 종류

**단스탠드 조명(Table Lamp)**

다양한 디자인으로 스타일링 포인트가 되며 공간에 개성을 더할 수 있는 아이템입니다. 테이블 위나 책상, 침대 옆에 두고 사용하면 공간이 아늑해지고 집중 조명이 필요한 곳에 편안한 빛을 제공하는데요. 특히 독서나 디지털 기기 사용 시 눈의 피로를 줄여주는 역할을 합니다.

### 장스탠드 조명(Floor Lamp)

주 조명보다는 간접 조명으로 사용하며 부드럽고 아늑한 느낌을 주기 때문에 거실이나 침실에 편안한 분위기를 조성합니다. 또한 디자인에 따라 공간에 포인트가 됩니다. 시각적인 아름다움과 실용성을 모두 갖추고 있어 스타일링 제품을 제안할 때 필수로 추천하고 있는 제품 중 하나입니다.

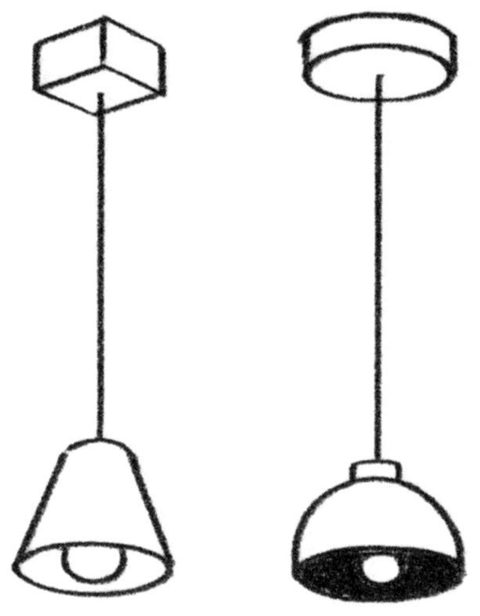

### 펜던트 조명(Pendant Light)

천장에 줄이나 케이블로 매다는 형식으로 주로 식탁 위, 주방 아일랜드, 혹은 공간의 포인트를 만들고 싶은 곳에 설치합니다. 높이를 조절하여 낮게 매달면 아늑한 느낌이 강조되고 여러 개를 나란히 배열하면 카페 같은 분위기를 연출할 수 있습니다.

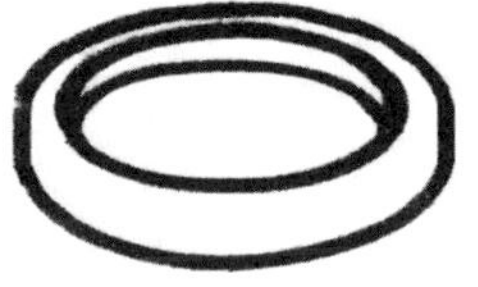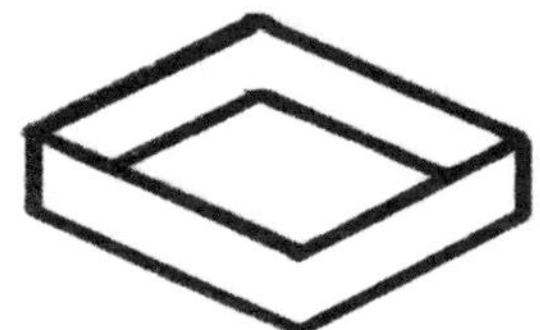

### 천장등(Ceiling Light)

천장에 부착되어 공간 전체를 밝히는 역할을 합니다. 거실, 주방, 욕실 등 다양한 장소에서 실용적으로 사용되며 넓은 면적을 고르게 밝히기 위해 설계된 조명입니다. 에너지 효율이 높은 LED 천장등은 실내 활동이나 집중이 필요한 공간에 적합합니다. 밝기 조절 기능을 활용하면 상황에 따라 편안하고 따뜻한 분위기를 연출할 수 있습니다.

**월램프(Wall Lamp)**

벽면에 설치하는 조명으로, 빛이 닿는 방향에 따라 벽을 그림처럼 연출합니다. 침대 옆, 복도, 아트월 등 다양한 공간에 활용할 수 있으며 갤러리 같은 분위기를 자아냅니다. 최근에는 무타공 설치가 가능한 제품들도 출시되어 셀프 인테리어에 부담 없이 사용할 수 있습니다.

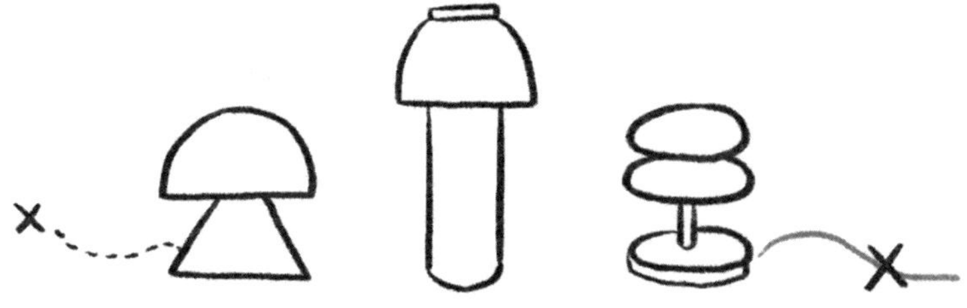

## 포터블 조명 (Portable Lamp)

충전식 또는 배터리 방식으로 작동하는 조명으로 원하는 공간 어디든 배치할 수 있습니다. 테라스, 욕실, 캠핑 등 실내외를 넘나들며 다양한 공간에 감성을 더할 수 있어요. 최근에는 인테리어 오브제로도 활용 가능한 디자인 제품들이 많이 출시되고 있습니다.

## 스마트 조명

스마트 조명은 스마트폰을 통해 조도와 색온도를 간편하게 조절할
수 있습니다. 공간의 분위기를 손쉽게 바꿀 수 있어 일상의 편리함을
더해주는 아이템입니다.

조명을 교체하거나 새로 설치할 계획이 있다면, 전구 소켓 크기와 전력 소모량(실제 밝기)을 꼼꼼히 확인하는 작업이 필요합니다. 아무리 예쁜 조명이라도 전구와 소켓이 맞지 않으면 과도한 전력 소모로 안전 문제가 생길 수 있어요. 그럼 전구를 고르는 간략한 팁을 알려 드릴게요.

○ 안전성
전구 소켓 규격과 실제 전구 지름이 맞지 않으면 전구를 끼울 때 헐겁거나 전구가 아예 꽂히지 않을 수 있습니다. 이 경우, 접촉 불량으로 전구가 깜빡이거나 과열돼 사고로 이어질 수 있으니 반드시 주의해야 합니다.

○ 밝기 확인
전력(W)만으로는 실제 밝기를 알기 어렵습니다. LED 전구처럼 소비 전력은 낮지만 밝기가 더 밝은 제품이 많으므로 패키지에 기재된 루멘(lm) 값을 꼭 함께 확인하세요.

○ 색온도 고려
공간 연출에서 색온도(Kelvin, K)도 중요합니다. 예를 들어 침실에는 낮은 색온도(전구색)로 편안한 분위기를, 주방이나 작업실에는 높은 색온도(주광색)로 밝고 선명한 조명 색 선택을 권장합니다.

○ 장기 유지 비용

전력 소모량이 큰 전구는 밝기가 뛰어나지만 전기 요금이 높게 부과되고 발열도 심해 장기적으로 부담이 될 수 있습니다. LED 전구처럼 전력 효율이 높은 제품을 사용하면 오래 쓰기 좋고 관리 비용도 적게 든다는 장점이 있습니다.

## 전구 소켓 크기(E+숫자 표기)

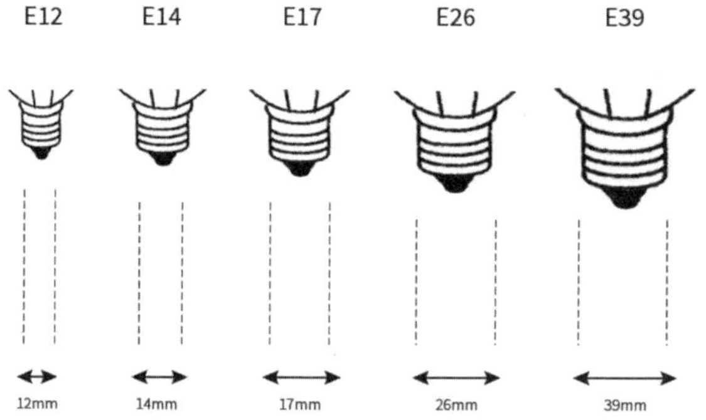


전구 소켓은 'E숫자' 형태로 표기되는데 이때 'E'는 에디슨(Edison) 타입을 의미하고, 숫자는 소켓 지름(mm)을 나타냅니다.

○ E12(지름 12mm)

촛대형 전구처럼 작은 장식용 조명에 주로 쓰입니다.

○ E14(지름 14mm)

테이블용 스탠드 조명이나 소형 벽등(브라켓 조명)에 사용
되며 비교적 낮은 소비 전력의 전구에 적합합니다.

○ E17(지름 17mm)

국내에서는 사용 빈도가 상대적으로 낮으나 일부 중소형 조
명 기기에 쓰입니다.

○ E26(지름 26mm)

가장 흔하고 표준화된 소켓 크기로, 대부분의 가정용 천장,
스탠드, 벽 조명에 사용합니다.
* E26과 E27 간 지름 차이가 1mm에 불과해서 서로 호환
가능한 경우도 있습니다.

○ E39(지름 39mm)

산업용 창고나 대형 공간에서 사용되는 대형 소켓으로 전력
소모량이 큰 전구를 끼우는 데 적합합니다.

---

# 식물&
# 조화

　홈데코 아이템에서 절대 빠질 수 없는 요소가 있는데요. 바로 공간에 생기를 더해주는 식물입니다. 식물은 생명력과 활기를 더해 공간이 '살아있다'는 느낌을 줍니다. 부드러운 곡선이 내추럴한 느낌, 따뜻한 자연의 느낌을 더해 줍니다.

# *1.* 공간별 식물 추천

거실에는 존재감이 강한 식물로 포인트를 주는 것이 좋습니다. 몬스테라, 휘커스 움베르타처럼 잎이 넓고 키가 큰 식물이 잘 어울립니다. 조금 작은 식물들 중에서 유니크한 수형으로 포인트를 더하고 싶다면 아스파라거스나 스프링 골풀도 좋습니다. 포인트로 행잉 식물을 걸어주면 감성이 가득한 공간으로 분위기를 연출할 수 있습니다.

Q. 식물 키우기 어려워요!

A. 물을 주지 않아도 감성적으로 공간을 꾸며주는 틸란드시아 이오난타 같은 식물은 돌/스테인리스 오브제와 함께 구성하면 유니크한 느낌과 디테일을 더할 수 있습니다.

만약 식물이 부담스럽다면 조화 식물을 고려해 보는 것도 좋은데요. 생화만큼 생기 있지 않지만 관리가 편하고 공간의 제약 없이 어디에든 배치할 수 있다는 장점이 있습니다. 한번 구입하면 유지 비용이 들지 않아 경제적인 측면에서도 우수한 선택이라고 할 수 있죠.

# *2.* 식물 고르는 팁

**식물 관리 난이도 고려하기**

잎이 크고 수분이 많이 필요한 식물들은 섬세한 관리가 필요합니다. 식물을 잘 키우지 못하거나 초보자라면 물을 자주 주지 않아도 잘 자라는 산세베리아, 스투키, 틸란드시아 등을 고려해 보세요.

**인테리어와의 조화를 생각하기**

식물의 형태(수형), 잎이 생긴 모양 등을 인테리어의 톤과 조화롭게 맞추면 자연스러운 플랜테리어가 가능합니다. 내추럴한 공간에 약간 둥근 모양의 잎을 활용하면 공간에 부드러운 무드를 더할 수 있고, 뾰족한 잎을 요소로 배치하면 모던하고 세련된 분위기를 연출할 수 있습니다.

# *3.* 핵심은 화분

아무리 예쁜 식물도 화분에 따라 못생겨 보일 수 있고, 무난한 식물도 화분에 따라 예뻐 보일 수 있습니다. 화분은 크게 플라스틱, 세라믹(도자기), 시멘트, 테라조 화분 등이 있습니다.

### 플라스틱 화분

가볍고 잘 깨지지 않는 반면, 너무 저렴한 제품은 고급스러운 느낌이 다소 덜할 수 있습니다.

★추천 : 아이가 있는 집, 반려동물이 있는 집

### 도자기 화분

은은한 광택과 컬러감이 돋보이는 화분으로 무게가 있어서 안정적입니다. 도기 특성상 식물 뿌리에 일정한 습도를 유지해 줍니다. 하지만 쉽게 깨질 수 있고 가격대가 높습니다.

★추천 : 클래식한 인테리어, 우아한 감성의 공간

### 시멘트 화분

무채색 감성으로 모던한 분위기를 연출할 수 있고 표면이 거칠어 특유의 시멘트 느낌을 좋아하는 분들에게 인기가 많아요. 대신 거친 텍스처로 인해 긁힘 방지에 신경 써야 합니다.

★추천 : 인더스트리얼 무드, 빈티지 인테리어

# 천장
# 장식

　천장 데코, 생소한가요? 천장을 꾸미는 것은 공간을 유니크하고 개성 있게 만드는 아주 좋은 방법입니다. 인테리어 스타일링을 하다 보면 바닥, 벽, 가구까지 꼼꼼히 살피지만 천장은 쉽게 지나칠 수 있어요. 하지만 누웠을 때, 소파에 기대어 쉴 때, 무언가를 생각하다가 올려다보는 공간이 천장이라는 걸 생각하면 천장은 항상 우리의 생활과 맞닿아 있는 곳입니다.

　　　　3　홈데코 아이템

# *1.* 모빌

모빌은 천장에서 자유롭게 움직이는 장식 아이템이에요. 부드럽고 유연한 느낌을 주고 공간에 생동감을 불어넣어 주죠. 모빌에는 종이부터 아크릴까지 다양한 종류가 있는데, 공간 스타일에 맞는 재질과 디자인을 고려해 선택하는 것이 중요합니다. 자연적인 분위기를 원한다면 나무나 천 재질을, 현대적인 느낌을 원하면 금속 재질의 모빌을 선택하는 게 좋습니다.

모빌 설치가 어려울 것 같다고요?
쉽게 설치할 수 있는 방법을 알려 드릴게요.

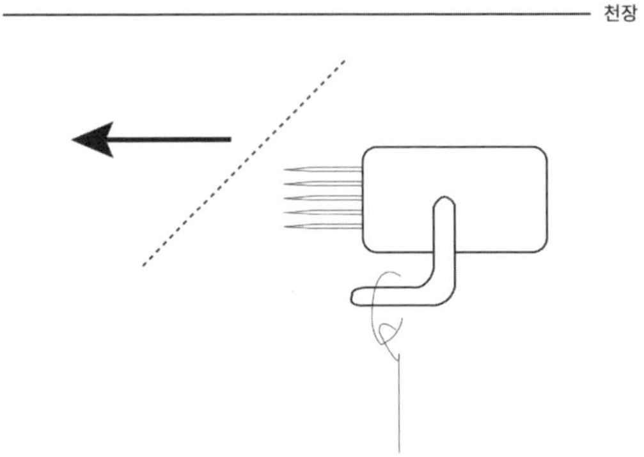

●…꼭꼬핀 활용

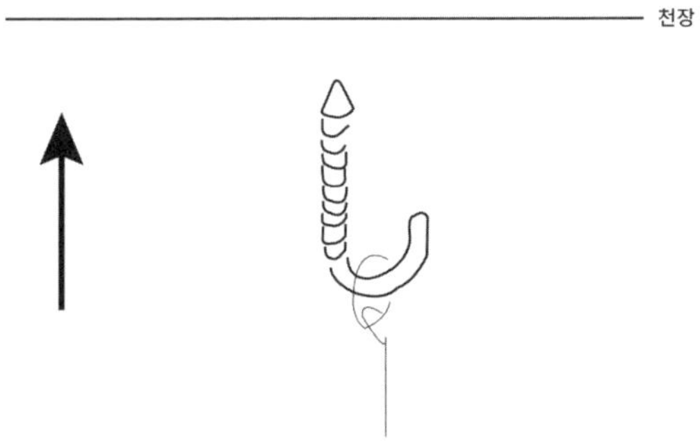

●…스크류 활용

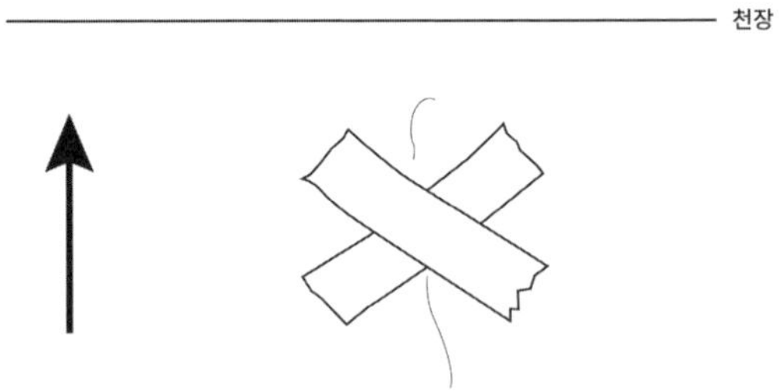

●…테이프 활용

　　　3　홈데코 아이템

### ① 꼭꼬핀 활용

꼭꼬핀은 벽에 타공하지 않고 벽지 위에 바로 꽂아 가벼운 물건을 걸 수 있습니다. 벽 손상에 대한 부담이 적어 전·월세 공간에서도 활용하기 좋습니다. 천장 벽지에 수평으로 꼭꼬핀을 꽂은 뒤, 핀에 모빌 실을 걸면 손쉽게 장식물을 설치할 수 있습니다. 꼭꼬핀 중 끝부분이 곡선 형태로 된 제품을 사용하면 고리 부분에 실이나 가벼운 끈을 묶어 고정합니다. 이런 방식으로 모빌, 드림캐처 등을 설치할 수 있어 공간에 작은 변화를 주고 싶을 때 유용한 아이템입니다.

### ② 스크류 활용

온라인에서 저렴하게 구입할 수 있는 제품으로 모빌을 구매하면 종종 함께 배송됩니다. 작은 나사처럼 생긴 철에 고리가 달린 형식으로 나사 부분을 천장에 고정하고 고리에 모빌을 거는 방식으로 사용합니다.

### ③ 테이프

종이 소재로 된 가벼운 모빌이라면 스카치 테이프나 마스킹 테이프로도 충분히 모빌을 고정할 수 있습니다. 천장에 모빌을 달고 끝 부분을 테이프로 두세 번 정도 붙여서 마무리하면 모빌이 단단하게 설치될 거예요.

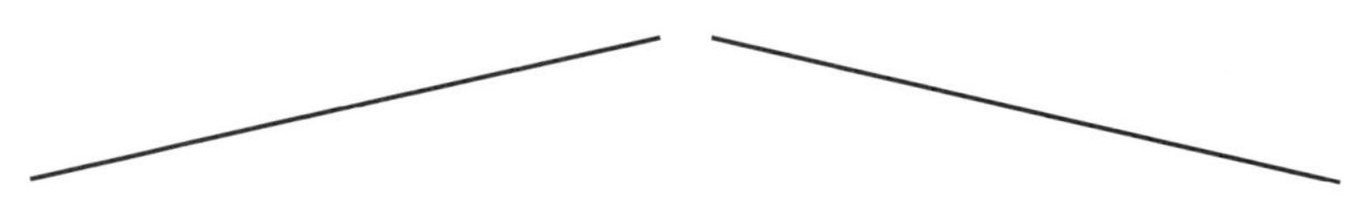

# 인테리어 소품 (오브제)



3  홈데코 아이템

## + 공간에 간편하게 감성 더하기

인테리어를 바꿔보고 싶지만 가구를 옮기거나 벽지를 바꾸기에는 일이 커질 것 같을 때, 가장 부담 없이 시도할 수 있는 변화가 바로 '소품(인테리어 오브제)'입니다. 작은 화병, 문진, 탁상시계, 트레이 같은 포인트 소품은 분위기를 바꿔줍니다. 어떻게 하면 과하지 않으면서도 확실한 포인트를 더할 수 있을지 소품 배치의 기본 원칙과 선택 팁을 알려 드릴게요!

# *1.* 소품에는 어떤 종류가 있을까요?

소품은 공간의 완성도를 높이는 감성적인 터치이자 손쉬운 변화 요소입니다. 디자인, 질감, 색감이 주는 미묘한 차이가 공간의 인상을 바꾸어 줍니다. 다양한 소품들이 있지만 기본적으로 아래 카테고리로 나눠 볼 수 있어요.

① 패브릭 소품 | 예: 쿠션, 블랭킷, 러그, 커튼
② 아트 소품 | 예: 포스터, 프레임(액자)
③ 테이블 소품 | 예: 트레이, 캔들, 꽃병, 책
④ 오브제 | 예: 문진, 세라믹, 피규어

# *2.* 소품 배치 팁

**시선이 머무는 쪽에**

소품은 밀도 있게 모아서 배치할 때 더욱 효과적입니다. 소품이 사방에 널려 있으면 시선이 제대로 집중되지 않아 그 효과가 제대로 전해지기 어려워요. 탁자 위, 선반 한쪽, 벽면 등 시선이 자연스럽게 머무는 한두 군데 정도에 소품 스팟을 만들어 주면 효과적으로 시선을 머물게 할 수 있습니다.

**재질에 대비 주기**

공간 전체의 느낌과 살짝 다른 재질의 소품을 배치해 보세요. 무광과 유광, 유리와 우드, 금속과 패브릭 등 서로 다른 재질을 적절히 섞어 주면 한결 세련된 인상을 줄 수 있어요.

**홀수의 법칙**

소품은 짝수보다 홀수로 배치했을 때 더욱 자연스럽고 균형 잡혀 보입니다. 3개 혹은 5개 정도를 모아 두면 안정적인 비대칭이 만들어지는데요. 이때 소품 간 높낮이를 조절해서 리듬감을 만들어 주면 좋습니다. 높이가 다른 화병이나 책, 조각 오브제 등을 함께 두어 시선에 리듬감을 주는 거예요.

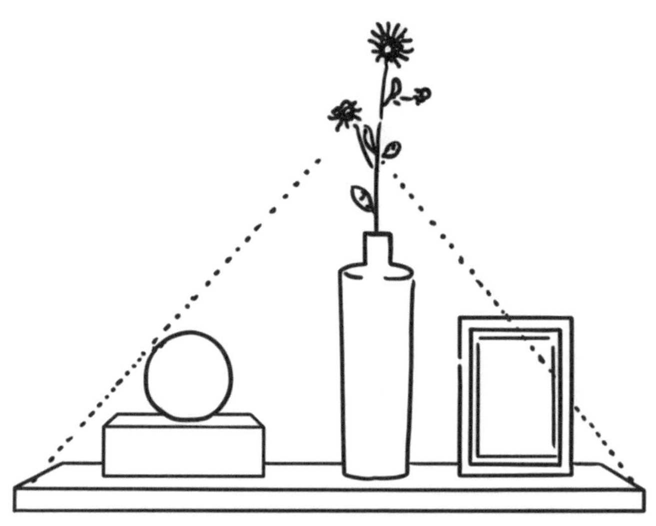

## 시선을 사로잡는 소품 배치의 비밀: 삼각 구도

분명 온라인에서 봤을 때는 예뻤던 소품인데 막상 집에 두고 보니 어딘가 어색하고 허전하게 느껴질 때가 있습니다. 그럴 때는 '삼각 구도'를 적용해 보세요. 같은 소품이지만 공간이 훨씬 완성도 있어 보입니다. 삼각 구도는 세 개의 요소를 삼각형 형태로 배치하여 시각적인 균형과 안정감을 주는 방식입니다. 3차원적인 효과를 부여해 풍부한 공간감을 줘요.

## 소품 배치에 삼각 구도를 적용하기

○ 높낮이 조절로 삼각형 만들기
소품 간 높낮이에 차이를 두어 그 높이 끝이 삼각형을 이루도록
합니다. 높은 조명 스탠드/중간 높이의 꽃병/낮은 캔들 홀더 배치
를 통해 시선을 자연스럽게 이동시키고, 공간에 깊이감을 더하는
방법이죠.

○ 색상과 질감의 조화
삼각 구도를 구성하는 소품들은 색상이나 질감에서 서로 조화를
이루어야 합니다. 같은 색상의 다른 톤이나 비슷한 질감의 소재
를 사용하면 통일감을 주면서도 단조롭지 않게 배치할 수 있어요.

○ 중심 포인트 설정
삼각 구도의 꼭짓점 중 하나를 중심 포인트로 설정하여 시선을 집
중시킬 수 있습니다. 독특한 디자인의 오브제를 중심에 배치하고
양옆에 보조 소품을 배치하면 중심 포인트가 강조돼요.

삼각 구도는 특별한 기술이 필요하지 않아요. 높낮이와 위치만 살짝
만 바꿔주면 감각적인 공간이 쉽게 완성됩니다. 지금 내 공간에서 바
로 적용해 볼 수 있는 변화이자 조금 더 '나답게' 공간을 꾸미는 똑똑
한 연출법이 되어 줄 거예요.

**디자이너 pick 온라인 소품 셀렉샵**

### 로파 서울

향기 아이템뿐만 아니라 문진, 트레이, 접시, 캘린더 등 예술적인 감성이 담긴 다양한 오브제가 가득한 곳이에요. 감각적인 디자인과 함께 공간을 특별하게 채워주는 소품들이 많아 구경하는 재미가 쏠쏠하죠. 일상 속 작은 예술을 더하고 싶은 분들께 잘 어울리는 브랜드입니다.

### 아티쉬

감각적인 아트 프린트와 홈데코 아이템을 선보이는 브랜드입니다. 다양한 아티스트들의 작품을 액자와 함께 구성하여 공간에 예술적인 분위기를 더합니다. 또한 데스크 패드, 쿠션 커버, 벽시계 등 다양한 오브제들이 있어 일상에서 예술을 가까이 느낄 수 있습니다.

### 에포크

화사한 느낌의 화병을 찾을 때 추천하는 곳입니다. 이외에도 모빌이나 작은 거울, 러그, 촛대 등 다른 곳에서 볼 수 없는 다양한 소품과 리빙템을 만나볼 수 있어요.

### 노르딕 네스트

북유럽 리빙 인테리어몰로 유명합니다. 유럽의 감성을 담은 차분하고 심플한 소품들이 준비되어 있습니다.

**아르켓**

튀는 소품을 선호한다면 아르켓을 추천합니다.

천연 소재로 제작된 타월, 바디케어 제품, 욕실 매트 등은 실용성과 미감을 동시에 만족시켜 줄 거예요. 또한 계절에 구애받지 않는 디자인으로 공간을 깔끔하고 편안하게 연출할 수 있습니다.

**에이치픽스**

국내외 다양한 브랜드의 디자인 소품을 만나볼 수 있는 곳입니다. 특히 북유럽 감성의 오브제부터 실용적인 수납 아이템까지 집들이 선물이나 나만의 공간을 꾸미기에 안성맞춤입니다.

**이케아**

작은 소품부터 공간을 감각적으로 채워주는 데코 아이템까지 실용적이면서도 다양한 제품들을 합리적인 가격에 만날 수는 곳이죠. 셀프로 조립하고 스타일링하는 재미도 있어서 공간을 직접 꾸미고 싶은 분들께 잘 어울려요. 시즌마다 새롭게 나오는 컬렉션을 구경하는 것도 포인트입니다.

**루밍**

흔하지 않은 감성의 다양한 제품군을 만나 볼 수 있는 사이트입니다. 북유럽 감성을 담은 오브제부터 실용적인 수납 아이템까지 공간을 특별하게 만드는 제품들을 만날 수 있어요.

Part

4

수납 200%
활용하기

# 공간별 수납 전략

　아무리 물건을 줄이고 정리해도 다시 쌓이고 흐트러지는 것이 우리의 일상이죠. 그렇다면 어떻게 정리해야 할까요?

　답은 '수납'에 있습니다. 생활 방식에 맞춰 수납 공간을 설계하는 것이죠. 이번에는 각 공간에 맞는 수납 방법을 소개해 볼게요. 생활 흐름에 따라 물건의 자리를 정해주는 것만으로 공간이 훨씬 정돈될 수 있습니다. 물건을 찾는 시간도 줄일 수도 있죠. 이제 각 공간별 수납 전략을 하나씩 짚어볼게요.

# *1.* 현관 수납 포인트

"현관이 너무 좁아서 수납이 어려워요."
"지저분한 느낌이 들어요."

신발장 수납이 부족해서 바닥에 신발이 늘어져 있고 현관 매트 옆에는 택배 박스 하나쯤은 꼭 놓여 있죠. 현관이 어수선하면 집 전체가 어수선하게 느껴져요. 좁은 공간일수록 더 정돈하고 전략적으로 꾸며야 해요.

## 슬림 신발장

가구 폭이 좁은 디자인으로 좁은 현관에 가장 적합한 신발장이에요. 설치도 간편하고 수납력도 좋아 깔끔하게 정리할 수 있어요.

★ 추천 제품: 이케아 BISSA, TRONES

## 벤치형 수납장

앉아서 신발을 신을 수 있는 벤치형 수납장은 공간 활용과 인테리어 효과를 동시에 줍니다. 사이즈와 디자인이 다양해 현관에 맞는 수납장을 선택해야 해요.

---

# *2.* 침실 수납 포인트:
## 수납은 심플하게

하루의 시작과 끝을 보내는 침실에는 심플한 수납장을 두는 것이 좋습니다. 가장 보편적으로 활용하는 방법은 수납형 침대를 구입하는 것입니다.

만약 수납형 침대 특유의 묵직함을 선호하지 않는다면 다리가 있는 침대 프레임을 선택하고 '침대용 수납 박스'를 이용해 침대 아래에 수납할 수도 있어요. 침대 옆에 두는 협탁도 수납에 활용할 수 있는데요. 자주 사용하는 수면 용품, 립밤, 안대 등을 넣어 편리하게 사용해 보세요.

---

# *3.* 주방 수납 포인트: 적재적소에 꺼내 쓰기 쉽게

주방 수납은 식기, 조리 도구부터 식재료, 생활용품까지 매일 쓰는 것과 가끔 쓰는 것이 섞여 있어 꺼내 쓰기 쉬운 구조가 되도록 각 물건의 사용 빈도를 고려해야 합니다.

## 조리 도구: 동선 중심으로

가장 자주 사용하는 도구는 조리대와 가까운 곳에 배치해 주세요. 칼, 집게, 뒤집개, 국자 등은 레일에 걸거나 서랍 속 디바이더를 활용해 한눈에 보이도록 정리합니다.

## 식기: 사용 빈도 기준

매일 쓰는 식기류는 허리 높이의 서랍이나 낮은 수납장에, 손님용/계절용 식기는 상부장 위쪽에 보관합니다. 컵과 그릇은 무게가 다르기 때문에 컵은 상부장에, 그릇은 하부장에 두는 것이 안전합니다. 접시 디바이더나 슬라이딩 수납 트레이를 활용하면 접시를 하나씩 꺼내기 편합니다. 상부장이 있는 경우, 내부 선반을 추가로 설치하면 수납력을 1.5배 이상 늘릴 수 있어 내부 선반 설치를 추천합니다.

## 조미료·식재료

조미료와 식재료는 요리 동선 안에 배치하는 것이 중요합니다. 틈새 수납장이나 벽걸이 선반을 활용하면 자주 사용하는 소금, 설탕, 오일 등을 손쉽게 꺼내 사용할 수 있어 조리를 보다 효율적으로 할 수 있어요.

조미료와 식재료를 보관할 때는 사용 편의성과 위생 관리를 함께 고려하는 것이 중요합니다. 용기의 형태와 크기를 일정하게 맞추면 수납 공간이 정돈되어 보일 뿐 아니라 재료의 위치를 한눈에 파악하기 쉬워집니다. 파스타, 쌀, 곡류와 같은 건조 식재료는 밀폐 용기에 옮겨 담아 공기와 습기, 벌레 유입을 차단하는 것이 좋습니다. 사용 빈도에 맞게 정리하고 보관 방식을 통일하면 주방의 작업 효율을 높이는 동시에 깔끔한 공간 상태를 유지할 수 있습니다.

## 싱크대: '습기'와의 싸움

싱크대 하부는 습기와 물때가 쉽게 생깁니다. 따라서 수납 전에 반드시 방수 매트나 선반 받침을 깔아주는 것이 좋습니다. 세제, 수세미, 행주 등의 소모품은 바구니에 모아 정리하고, 리필 용품은 싱크대 안쪽 공간에 보관합니다. 수납 공간이 좁을 경우, 안쪽 공간에 걸이형 수납함이나 포켓을 달아주는 것도 좋은 방법입니다.

**오픈 선반 & 키친툴 디스플레이: 수납도 인테리어가 될 수 있다**

수납 공간이 부족하다면 오픈 선반에 자주 쓰는 그릇, 잔, 머그 등을 수납 겸 디스플레이해 보세요. 예쁜 도자기 그릇이나 감성적인 컵은 보이는 곳에 꺼내 두는 것만으로도 공간의 분위기를 바꿀 수 있습니다. 단, 먼지가 쌓일 수 있기 때문에 '사용 빈도가 높은 것' 위주로 두는 것이 좋습니다.

주방 수납의 핵심은 '반복되는 동선에 맞게 물건의 자리를 정해주는 것'입니다. 물건이 제자리에 있을 때 요리는 물론이고 일상의 리듬까지 부드러워질 수 있습니다. 감추기만 하는 수납이 아니라 '보여줘도 예쁜' 수납을 고려하는 것도 감성 있는 주방을 완성하는 좋은 방법입니다.

# *4.* 베란다/팬트리 수납 포인트: 수직 활용, 깔끔하게 정돈되도록

베란다는 집안에서 가장 유연한 공간입니다. 세탁 공간, 화분 진열대, 계절 물품 보관 장소 등 다양한 용도로 사용할 수 있는데요. 그만큼 수납이 무질서해지기 쉽습니다. 따라서 용도별 구획과 수납 도구의 선택이 중요합니다.

## 수직 활용

철제랙을 설치하는 방법입니다. 간편하게 조립하는 형태의 철제랙은 맞춤 사이즈로 제작하기 쉽고 선반의 칸 수를 선택할 수 있어 자유롭게 수납할 수 있습니다.

## 수납 박스 더하기

플라스틱 수납 박스를 더하면 선반에 무질서하게 물품이 적재되는 것을 막고 내용물 확인이 쉬워 관리가 수월해집니다. 조금 더 깔끔함을 원한다면 불투명한 박스나 물품이 바로 보이는 투명 수납 박스를 활용하세요.

수납 박스에 라벨링을 하면 물품 관리를 더 쉽게 할 수 있습니다. 여기서 더 깔끔하게 수납하고 싶다면 해당 수납장을 모두 커튼으로 가리는 방법도 있습니다.

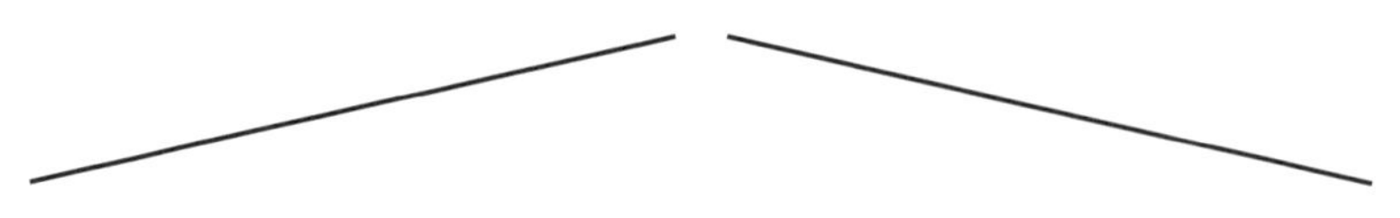

# 숨기는 수납 · · · · · · · ·
# VS
# 노출형 수납

수납은 물건을 숨기기만 하지 않아요. 오브제를 적당히 드러내기도 합니다. 공간의 특성과 개인의 성향에 따라 이 두 가지 방법을 적절하게 혼합해 보세요. 분위기가 물씬 달라질 거예요.

### 숨기는 수납: 시각적 여백과 정돈감

숨기는 수납은 말 그대로 물건을 보이지 않게 감춰 깔끔한 공간을 연출하는 방식입니다. 문이 달린 수납장, 서랍장, 수납함 등이 대표적이죠. 이 경우는 시각적인 정리 효과가 매우 뛰어납니다. 물건이 보이지 않아 공간이 더욱 넓고 정돈돼 보이죠.

### 노출형 수납: 실용성 + 스타일을 한번에

노출형 수납은 물건을 보여주는 수납 방식으로 선반이나 오픈 수납장, 벽걸이 행거 등을 예로 들 수 있습니다. 자주 쓰는 물건을 꺼내고 넣는 것이 쉽다는 게 가장 큰 장점인데요. 예쁜 그릇이나 오브제를 전시하듯 배치하면 인테리어 효과도 얻을 수 있고 수납 자체를 장식처럼 활용할 수 있습니다.

---

Point

✔ 자주 쓰는 물건은 '노출형'으로,
　자주 쓰지 않지만 꼭 필요한 물건은 '숨기는 수납으로'

✔ 같은 가구 안에서도 상단은 노출, 하단은 숨김 방식으로
　나누어 사용성과 시각적 안정감을 모두 확보하기

---

## 공간별 숨기는 수납, 노출형 수납 적용 방법 예시

### *1. 거실 - 시선 정리 + 감성 소품의 균형*

○ 숨기는 수납

TV 아래 수납장을 문이 달린 형태로 선택하여 리모컨, 충전기, 서류, 잡지 등을 깔끔하게 보관

○ 노출형 수납

소파 옆 사이드 테이블에 좋아하는 책 2~3권, 미니 화병, 캔들 홀더를 두어 취향이 드러나도록 연출

*** TIP** 거실처럼 가족이 공유하는 공간에서는 큰 수납은 '숨김', 작은 소품은 '노출'로 정리하는 것이 좋습니다.

### *2. 주방 - 실용성과 동선의 조율*

○ 숨기는 수납

싱크대 서랍 및 상부장에 식기, 식재료, 주방 도구를 보관합니다. 특히 사용 빈도에 따라 위치를 나누어 '자주 쓰는 것은 눈높이, 무거운 것은 하단'에 배치합니다.

○ 노출형 수납

조리대 옆쪽 벽에 오픈형 선반을 설치해 예쁜 유리병에 담긴 소금, 후추, 커피, 차 등을 배치합니다. 꺼내 쓰기 편하고, 인테리어 포인트로 활용하기 좋습니다.

*** TIP** 주방은 '기본은 숨기고, 자주 쓰는 것은 예쁘게 꺼내 놓기' 전략이 가장 효율적입니다.

---

## *3.* 침실 - 시각적 안정감과 포근함

○ 숨기는 수납
침대 하단 또는 붙박이장에 계절 이불이나 여분의 베개를, 화장대에는 액세서리나 화장품을 보관합니다. (침실에 드레스룸이 있다면 적극적으로 숨기는 수납을 활용합니다.) 물건이 눈에 보이지 않으면 정적인 분위기가 됩니다.

○ 노출형 수납
침대 옆 협탁에는 책, 작은 스탠드 조명, 인센스 스틱, 오브제 등을 두면 감성과 기능을 모두 만족시킬 수 있습니다.

* **TIP** 침실은 시각적 자극이 적을수록 숙면에 도움이 됩니다. 최소한의 노출형 수납만으로도 분위기를 살릴 수 있습니다.

## *4.* 베란다/팬트리 - 수납 효율의 극대화 구역

○ 숨기는 수납
팬트리 안쪽 선반에 문이 달린 박스나 서랍형 케이스를 활용해 생활용품, 일회용품, 여분 식자재를 분류해 보관합니다. 라벨링을 해 내부 물건을 쉽게 파악할 수 있도록 합니다.

○ 노출형 수납
수직 선반을 설치하고, 화분, 작은 수납 물품, 건조대 등 필요한 물품을 배치합니다. 자연스럽게 '보여주는 수납'이 연출되며 생활 동선에 불편함도 덜어 줍니다.

* **TIP** 실용적 공간일수록 '숨김 80%, 노출 20%'의 비율을 유지하는 것이 깔끔합니다.

Part

5

부분 시공으로
완성도 높이기

멋진 공간은 반드시 큰 공사를 거쳐서 탄생하는 것이 아닙니다. 오히려 섬세하게 계획된 부분 시공이 분위기를 단번에 바꾸고 스타일의 완성도를 높이는 데 결정적인 역할을 하기도 합니다.

여기서 말하는 '부분 시공'이란 공간 전체를 리모델링하는 대신, 벽면, 조명, 바닥, 문, 싱크대 등 일부분에 변화를 주어 큰 효과를 내는 방식입니다. 변화가 필요한 지점을 정확히 짚고 그에 맞는 시공을 선택해야 합니다. 벽면 컬러나 마감재를 바꾸는 것만으로도 공간의 분위기는 극적으로 달라집니다. 조명을 교체하거나 오래된 문에 필름을 입히는 것도 좋은 예입니다. 비용과 시간을 아끼면서 공간에 생기를 불어넣는 지혜로운 방법인 셈입니다.

이번 장에서는 실제 홈스타일링 현장에서 자주 활용되는 부분 시공의 사례를 소개하고, 각 공간에 어울리는 시공 아이디어와 팁을 구체적으로 안내해 드릴게요.

---

# 시공 전 준비와 공정 관리

인테리어에서 시공은 철저한 준비와 계획이 뒷받침되어야 만족스러운 결과를 얻을 수 있습니다. 설계 도면이 완성되고 예산이 정해졌다면 시공 전 확인 사항과 공정별 관리에 집중해야 합니다.

# *1.* 시공 전 확인해야 할 핵심 사항

**도면 및 스펙 확인**

최종 도면에 기재된 공간 구성, 자재 규격, 색상 코드, 수량 등이 정확한지 반드시 재확인합니다. '도면 외 요청 사항'이 있는 경우, 별도 문서로 기록하고 견적서와 일치하는지 비교해야 합니다.

**계약 내용 정리**

계약서는 공사 범위, 일정, 비용, 하자 보수 조건, 중도 변경 시 추가 비용 발생 조건 등이 명확하게 기재돼 있어야 하며 서명 전 반드시 검토해야 합니다.

**입주 및 이사 일정 고려**

거주 중 공사의 경우, 생활 동선 확보와 이사 일정 조율이 필요합니다. 비거주 공사의 경우에도 자재 입고일과 시공 순서, 중간 점검 일정을 미리 정리해 두는 것이 좋습니다.

# *2.* 공정별 기본 순서 이해하기

각 공정은 앞뒤 작업과 유기적으로 연결되어 있기 때문에 일정에 여유를 두고 진행하고 중간 점검을 통해 누락이나 오류가 없도록 확인하는 과정이 꼭 필요합니다. 시공의 일반적인 순서는 다음과 같습니다.

❶ 철거 및 정비
❷ 전기·설비 공사
❸ 목공 및 구조물 작업
❹ 타일 및 마감 공사
❺ 도장 및 벽 마감
❻ 가구 설치 및 소품 세팅

# *3.* 시공 관리 체크 포인트

### 중간 점검 일정 잡기

각 공정이 마무리될 때마다 현장을 방문해 진행 상황을 확인하고 사진 기록을 남기는 것이 좋습니다.

### 자재 입고 및 보관

자재가 손상 없이 입고되었는지, 습기나 충격에 노출되지 않도록 실내에 안전하게 보관되어 있는지 점검합니다.

### 작업 환경 정돈

전기선, 자재 박스, 공구 등이 산재되어 있으면 안전 사고가 발생할 수 있기 때문에 시공 업체에 정돈된 작업 환경을 요구할 필요가 있습니다.

### 소음/먼지/진동 관리

공동 주택일 경우, 층간 소음 민원 예방을 위해 시공 시간(일반적으로 오전 9시~오후 6시)을 준수해야 하고, 사전 안내 및 공고문 부착, 먼지 차단 필름 설치 등이 필요합니다.

# *4.* 전문가와의 소통

시공 과정에서 클라이언트와 전문가(디자이너 또는 시공자)와의 원활한 소통이 매우 중요합니다. 다음과 같은 방식을 활용하면 소통의 오류를 최소한으로 줄일 수 있습니다.

- ✔ 체크리스트 작성: 항목별 진행 여부, 자재 도착일, 공정 완료일 등을 정리해서 상호 간에 공유합니다.
- ✔ 사진과 영상 기록: 시각 자료를 우선으로 활용해서 상황 설명을 명확히 하는 것을 권장합니다.
- ✔ 의사결정 기록 남기기: 현장 상황의 변화에 따른 변경이 발생한 경우, 메신저나 이메일 등으로 의사결정한 내용과 그 시점을 기록해 두는 것이 좋습니다.

시공 관리의 핵심은 '기록'과 '확인'입니다. 신뢰할 수 있는 업체라고 해도 모든 공정이 계획대로 진행되려면 적극적인 관찰과 체크가 반드시 필요합니다. 작은 이견 하나가 전체 공정에 치명적인 영향을 줄 수 있다는 점을 유념하고 시공이 안전하고 원활히 완료될 수 있도록 이끌어가는 자세가 필요합니다.

## 시공 관리 & 체크리스트

### 1. 기본 정보

오늘 날짜                  현장명
___________________________________________

주소
___________________________________________

업체명
___________________________________________

담당자명
___________________________________________

연락처
___________________________________________


### 2. 공정 종류

☐ 철거공사   ☐ 목공사      ☐ 전기공사    ☐ 샤시도기
☐ 설비공사   ☐ 필름공사   ☐ 타일공사   ☐ 도장공사
☐ 벽지공사   ☐ 바닥공사(마루/PVC)      ☐ 조명공사
☐ 가구/집기공사   ☐ 욕실도기   ☐ 기타소품   ☐ 입주청소

*해당 15가지 공정은 일반적인 주거 공간에 해당하는 필수 공정입니다.

1. 기본 정보

## 3. 핵심 체크 7가지

| | 체크사항 | 무엇을 | 어떻게 |
|---|---|---|---|
| 1 | 중간 점검 일정 | 공정 마감 후<br>현장 방문 일정 확보<br>다음 점검일/시간 확정 | 일정란에 기입<br>캘린더 알림 설정 |
| 2 | 사진/영상 기록 | 진행분(전체샷-근접샷-라벨샷) 3장 촬영<br>변경 전/후 비교 가능 여부 | 파일명 규칙:<br>YYMMDD_공정_위치_내용.<br>폴더별 저장 |
| 3 | 자재 입고/ 보관 | 수량/손상 유무,<br>실내 안전 보관<br>(습기/충격 차단) 확인 | 입고 리스트에 체크/수량 기입<br>하자 사진 첨부 |
| 4 | 작업 환경/ 안전 | 전선/자재/공구 정리 상태<br>양호 여부<br>안전사고 우려 사항 | 위험 요소 사진 1컷<br>시정 요청 메모 |
| 5 | 소음/먼지/ 진동 | 작업 시간 준수(통상9~18시),<br>안내문 부착,<br>먼지 차단 필름 적용 | 안내문 사진·부착 위치 기록<br>필요 시 민원 연락처 메모 |
| 6 | 변경/의사 결정 | 현장 변경(자재/치수/마감)<br>발생 시<br>합의 내용 기록 보관 여부 | 메신저·이메일 캡처 저장<br>합의 일시/당사자 메모 |
| 7 | 하자 우려 요소 | 수평/수직, 들뜸/틈,<br>문/도어 작동 등<br>즉시 보수 필요 항목 존재 여부 | 점검 목록 체크<br>즉시 보수 요청 기록/사진 |

4. 빠른 메모(현장 대화·요청 사항)

오늘 협의한 내용                              (시간/담당자 기입)
다음 방문 전 준비물/선결 조건

5. 사진 3컷 규칙

① 전체 사진(맥락) → ② 근접 사진(상세) → ③ 라벨 사진(증빙)

*촬영 후 도면과 메모를 남겨 두면 이후 공정 과정에서 오류를 크게
줄일 수 있습니다.

6. 확인 서명

시공 담당자
확인자(사용자)
날짜

< TIPS 전문가 매칭 서비스 >

일부 플랫폼에서 인테리어 회사나 디자이너를 연결해 주고 견적을 비교할 수 있습니다.

① 집닥 (https://zipdoc.co.kr)
국내 인테리어 회사와 디자이너의 포트폴리오를 모아서 보여줍니다. 또한 견적을 의뢰할 수 있습니다.

② 오늘의 집 시공 서비스 (https://ohou.se/contents/contractor)
'오늘의 집' 전문가 서비스를 통해 업체 선정 과정을 간편화할 수 있습니다. 여러 업체의 포트폴리오를 비교하고 가장 마음에 드는 곳에 상담을 요청할 수 있습니다. 이 과정에서 고객들의 시공 후기나 사진을 참고해서 예산과 스타일이 잘 맞는 곳을 선택할 수 있습니다.

② 커뮤니티와 정보
SNS 성격의 인테리어 플랫폼은 사용자들이 직접 업로드한 사진, 팁, 리뷰가 쌓이면서 커뮤니티 역할을 하기도 합니다. 특정 브랜드 소파나 침대를 사용해 본 사람들이 실사용 후기를 올리거나 DIY 과정에서 얻은 노하우를 공유하기도 합니다. 실시간 댓글이나 메시지로 의견을 주고받을 수 있어서 초보자도 쉽게 질문하고 조언을 들을 수 있습니다.

! 주의할 점
온라인 플랫폼에서는 예쁘게 보이는 것에 초점이 맞춰져 있기 때문에 실제 색감이나 질감, 품질이 상이한 경우도 있습니다. 전문가 매칭을 이용할 때는 계약서, 견적서 작성 등 필수 절차를 꼼꼼히 챙겨야 하고, 제품 구매 전에 환불이나 교환 정책도 꼭 확인해야 합니다.

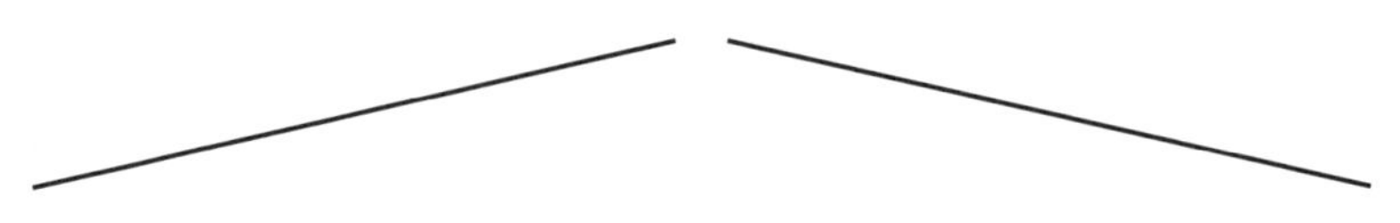

# 예산과
# 비용



5   부분 시공으로 완성도 높이기

인테리어 프로젝트에서 가장 큰 고민은 비용과 시공 과정입니다. 아무리 멋진 아이디어가 있어도 예산이 초과되거나 시공 중 예상치 못한 문제가 발생하면 전체 계획에 차질이 생길 수 있습니다. 인테리어의 완성도는 한정된 예산 안에서 얼마나 효율적으로 공정을 계획하고 관리하느냐에 달려 있습니다.

예산과 시공 관리는 인테리어 시공의 시작부터 끝까지 영향을 미칩니다. 공사 범위 설정, 자재 선택, 시공자 선정, 계약 및 일정 관리, 중간 점검, 하자 방지 등 구체적이고 전략적인 계획이 필요합니다.

예산을 효율적으로 계획하고 관리하는 방법과 시공 전 준비사항, 업체 선정, 공정별 관리 방법, 공사 중 자주 발생하는 변수와 그 대응 방법 등을 소개해 드리겠습니다. 실질적인 비용 범위부터 전문가와의 소통 방식까지, 인테리어를 처음 진행하는 분도 쉽게 이해할 수 있는 실무 중심의 가이드를 제공하고자 합니다.

좋은 인테리어는 멋진 마감재와 감각적인 디자인만으로 완성되지 않습니다. 보이지 않는 관리와 계획, 합리적인 예산 분배가 함께 이루어질 때 비로소 완성됩니다.

예산이 적다고 해서 좋은 인테리어를 하지 못하는 것은 아닙니다. 중요한 것은 얼마를 쓰느냐가 아니라 '어디에 어떻게 쓰느냐'입니다. 체계적인 예산 계획과 지출 전략을 세우면 제한된 예산 안에서도 충분히 만족스러운 결과를 얻을 수 있습니다.

# *1.* 공정별 예산 분배의 기준

전체 예산을 설정할 때 공간의 규모와 시공 범위에 따라 항목별 비율을 나눠야 합니다. 일반적으로는 다음과 같은 비율을 권장합니다. 이 비율은 고정된 기준이 아니라 사용자의 우선순위에 따라 조정 가능합니다. 가령 오래된 아파트는 전기나 배관 공사 비용의 비중이 높고 신축 건물의 경우, 마감재나 가구 구매에 집중할 수 있습니다.

○ 철거 및 정비: 5~10%
○ 목공 및 가구 제작: 15~25%
○ 전기 및 조명 공사: 5~10%
○ 타일 및 위생 설비: 10~20%
○ 도장 및 벽면 마감: 5~10%
○ 가전, 가구, 소품: 20~30%

# *2.* 숨은 비용, 사전 체크하기

계약 전 반드시 견적서에 자재 브랜드, 규격, 수량, 인건비 포함 여부를 명시하고, 추가 비용 발생 조건도 구체적으로 확인해야 합니다.

○ 계약금 외 잔금 구조 (착수금, 중도금, 완료금 등)
○ 폐기물 처리 비용 (철거 시 발생)
○ 공사 중 발생할 수 있는 추가 시공 (도면 외 항목)
○ 이사, 보관, 임시 숙소 등 부대 비용

# *3.* 비용을 절감하는 5가지

○ **부분 리모델링**: 전체 공사가 아닌, 노후화되거나 사용하기 불편한 공간 위주로 진행하면 비용 대비 효과가 높습니다.

○ **시공 분리**: DIY가 가능한 부분(부분 페인팅, 조명 교체, 커튼 설치 등)은 직접 시공해서 인건비를 줄일 수 있습니다.

○ **시즌 조율**: 시공 비수기(여름, 연말 이후 등) 기간을 활용하면 자재 비용이나 인건비를 절감할 수 있습니다.

○ **유사 자재**: 고급 마감재 대신 유사한 질감의 중급 자재를 활용하면 비용을 낮추고 분위기는 유지할 수 있습니다.

○ **공동 구매 및 중고 활용**: 온라인 카페나 커뮤니티 등을 통해 자재나 가구를 저렴하게 구입하는 방법도 있습니다.

○ **자재 시장 직접 방문**: 인테리어 자재가 유통되는 방산시장이나 을지로 등에 방문하여 자재를 직접 구매할 수 있습니다.

     5  부분 시공으로 완성도 높이기

# *4.* 장기적 관점의 예산 전략

　예산은 단기 비용뿐만 아니라 유지 관리와 재시공 주기까지 고려하여 장기적 안목으로 계획해야 합니다. 예를 들어 내구성이 낮은 자재를 사용하면 단기적인 비용을 아끼더라도 추후 보수나 교체 비용이 더 많이 발생할 수도 있습니다. 초기에는 비용이 들더라도 수명과 품질이 검증된 제품을 선택하는 것이 장기적으로 더 경제적인 선택이 될 수 있습니다.

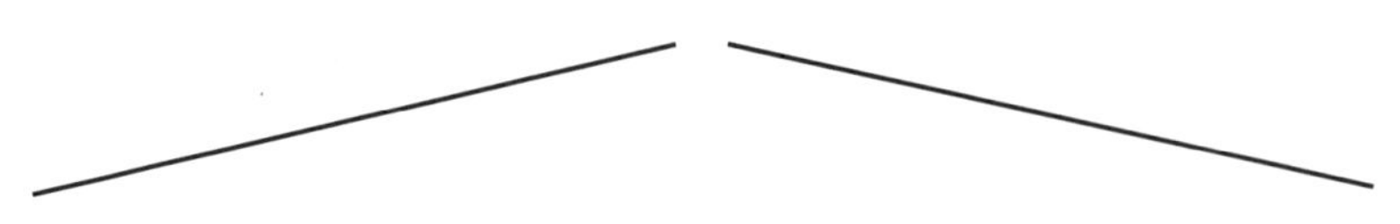

# 인테리어 공정

# 공정

   5 부분 시공으로 완성도 높이기

집이라는 공간은 여러 공정이 유기적으로 맞물려 완성됩니다.

"페인트부터 칠하면 깔끔하겠지"라고 쉽게 생각할 수 있지만, 목공이나 배선, 배관 공사가 끝나지 않은 상태에서 페인트를 칠했다가 나중에 다시 벽을 뜯어야 하는 일이 발생할 수 있습니다. 이처럼 작은 차이 하나가 시간과 비용, 완성도에 직접적인 영향을 주기도 합니다. 이번 챕터에서는 각 공정을 시작하기 전 꼭 알아둬야 할 사항, 준비해야 할 것, 진행 과정에서 생길 수 있는 문제점과 해결책 그리고 시공이 끝난 뒤 유지 보수까지 폭넓게 살펴보고자 합니다.

# *1.* 목공 공사

목공(목작업) 공사는 가벽부터 붙박이장/수납장 제작, 몰딩과 걸레받이 교체, 문틀 보수, 목재 천장 작업까지 여러 작업으로 분류할 수 있습니다. 주거 공간 인테리어에서 목공의 비중이 큰 편으로, '보이는 목공(가구나 파티션), 보이지 않는 목공(바탕 틀, 목구조물)'으로 나누어 볼 수 있습니다.

      5  부분 시공으로 완성도 높이기

## ① 공사 시작 전, 이것부터 확인하기

••• 내력벽 여부 확인

가벽 설치나 벽체 철거를 고려한다면, 반드시 도면을 기준으로 해당 부위가 내력벽인지 점검해야 합니다. 내력벽을 건드리면 건축법 위반 및 안전 문제로 이어질 수 있습니다. 집 구조에 따라 목재로 된 가벽은 비교적 쉽게 설치 가능하지만, 가벽 시공으로 인해 실제 공간이 줄어들어 동선이 불편해질 수도 있음을 염두에 두어야 합니다.

••• 도면 및 배선·배관 파악

붙박이장이나 천장 목공을 진행할 때 배선(전기), 배관(가스/수도) 위치를 미리 확인해야 합니다. 간혹 붙박이장 뒤로 콘센트가 가려져 붙박이장을 다시 뜯어야 하는 상황이 생기기 때문에 수납장이나 가벽을 설치하기 전에 배선에 대한 계획과 콘센트 위치를 미리 고려해야 합니다.

••• 자재 선택 (원목·합판·MDF·PB 등)

— 원목

내추럴하고 고급스러운 느낌을 선호한다면 고려해 볼 수 있지만, 가격대가 높은 편이고 습도에 따라 뒤틀림이 생길 수 있습니다.

— 합판

얇은 나무판을 접착제로 겹겹이 붙인 재료로 원목보다 뒤틀림이 적고 가공성이 좋습니다.

— MDF/PB

가격이 합리적이며 표면에 필름이나 페인트로 마감하기 용이합니다. 다만 내구성은 원목보다 떨어집니다.

## ② 시공 비용과 기간

목공 공사는 작업 범위가 커질수록 인건비와 자재비가 크게 상승합니다. 일반 주거 공간에서 작은 붙박이장(길이 약 2m 내외)을 맞춤 제작하면 100만 원 안팎 정도 들고, 구조물 해체 후 가벽을 새로 세우는 작업이라면 200만 원 이상 발생하기도 합니다(*업체와 자재, 디자인 복잡성에 따라 편차는 크고 다양합니다). 일반적으로 주거 공간의 목공 공사는 2~3일에서 길게는 일주일 이상이 걸릴 수 있는데, 이는 공간의 면적이나 설계의 난이도, 마감 디테일 등 여러 변수에 영향을 받게 됩니다.

## ③ 목공 공사 과정

**⋯ 공간 치수 실측 & 설계**

원하는 구조나 가구가 있다면 실제 공간 치수를 꼼꼼히 재고 도면 또는 3D 시뮬레이션으로 설계안을 확정한 뒤, 시공을 진행합니다. 작은 치수라도 오차가 발생하면 문이 안 닫힌다거나 가벽 위치가 어긋날 수 있으니 주의해야 합니다.

**⋯ 자재 준비 & 가공**

목재를 재단하기 전, 실제 공간 상태(바닥 수평 여부, 벽면 면적, 천장 높낮이 등)를 추가로 체크합니다. 주로 목재 공장에서 큰 판재를 현장으로 옮기고 원하는 치수로 재단 후, 현장에서 작업하는 과정으로 진행됩니다.

**⋯ 골조 & 뼈대 작업**

가벽을 세우거나 붙박이장을 만들 때 내부 골조를 만드는 과정입니다. 수평/수직 레이저(레벨기)를 활용해서 오차를 줄일 수 있습니다. 이 과정에서 체결에 사용하는 타카핀이나 피스(나사)의 길이 및 간격도 잘 따져야 합니다. 각재나 석고 보드, 판재의 두께보다 긴 부자재(타카핀/피스)를 사용하면 돌출된 부분으로 인해서 사고의 위험이 있기 때문입니다.

**⋯ 마감(문/문틀/몰딩 등)**

기본 뼈대 위에 문이나 선반 등을 설치하고, 마감재(필름/페인트/금속/몰딩 등)를 덧붙입니다. 원목 면을 그대로 살릴 경우에는 사포질(표면을 고르게 다듬는 작업)과 바니시(표면을 보호하고 마감하는 작업)을 여러 차례 반복하여 표면을 매끈하게 만듭니다.


## ④ 최종 점검

문이 틀어지지는 않았는지, 가벽이 흔들리지 않는지, 수납장 도어가 제대로 열리고 닫히는지 등을 꼼꼼히 확인합니다. 만약 뒤틀림이나 틈새가 벌어진 곳이 있다면 시공 직후 바로 보수 작업을 진행해야 추가 비용을 최소화할 수 있습니다.


## ⑤ 목공 시공 시 유의사항

••• 소음·분진 관리

목공 공사 과정에서는 전동 공구의 소음과 톱밥, 분진이 필연적으로 발생할 수밖에 없습니다. 되도록 낮 시간대에 작업을 진행하고, 이웃에게 미리 공사에 대한 사전 동의서 및 양해를 구하는 것이 기본입니다. 현장에서 전동 드릴이나 톱질을 많이 한다면 보안경이나 마스크 같은 안전 장비 착용도 필수입니다.


••• 습기/온도 고려

목자재는 습도에 따라 수축/팽창하며 장마철이나 겨울철 난방으로 생기는 온도 차이로 뒤틀림이 발생할 수 있습니다. 가급적 충분히 건조된 자재를 쓰는 것이 좋고 장마철 대형 공사를 피하는 것도 방법입니다. 간혹 페인트칠이 완료된 벽에 금(크랙)이 간 경우가 빈번히 발생하는 이유도 수축/팽창의 영향이기도 합니다.


… 추가 비용 발생 사례

공사 도중 벽 속 노후화된 배선이 발견되거나 예상치 못한 배관 누수가 발견되는 경우, 목공 공정을 중단하고 먼저 해당 공정에 대한 보수를 먼저 진행해야 합니다. 이때 추가 비용과 일정 지연이 불가피하기 때문에 공정 간 여유 기간을 하루에서 이틀 가량 확보해 두는 것이 안전합니다.


… 타 공정과의 순서 맞추기

목공 공사를 끝내고 전선 매립이나 에어컨 배관 공사를 다시 한다면 마감한 부분을 뜯어야 할 수 있습니다. 따라서 전기/배관/샤시 교체 등이 필요한 곳은 미리 협의해서 사전에 진행하고 목공 공정은 이 공정들 뒤로 배정하는 것이 좋습니다. 도배나 페인트 공정과도 밀접하게 연결되는데, 보통 목공 → 면 정리 → 도배(혹은 페인트) 순으로 진행하는 것이 일반적입니다.

# *2.* 조명 공사

조명 공사를 진행할 때 기본 배선부터 천장과 벽 구조, 스위치와 콘센트 높이와 위치, 가구 배치 등 여러 요소를 종합적으로 고려해야 합니다.

# ① 공사 시작 전, 이것부터 확인하기

••• 배선/배관 상황 파악

조명 배선은 천장 속 배관(난연관), 벽면 내부의 전기 콘센트 배선과 연결되어 있습니다. 만약 천장 구조물이 콘크리트이고, 배관에 여유가 없거나 전선 통로가 막혀 있다면 노출 배관 또는 우회 배선을 선택해야 합니다. 공사 시작 전, 기존 등 기구 철거 후에 실제 전기 배선 상태를 확인하는 작업이 필수적입니다.

••• 인테리어 콘셉트 설정

조명을 계획하기 전에 집 전체 콘셉트가 어떤 분위기인지(예: 모던, 내추럴, 빈티지, 클래식 등)를 고민해야 합니다. 아무리 좋은 조명이라도 인테리어 콘셉트와 어울리지 않는다면 '동떨어진 느낌'을 줄 수 있습니다. 특히 식탁 펜던트 조명, 간접 조명, 스탠드 조명이 서로 이질감 없이 조화롭게 어우러지도록 디자인과 색상, 색온도를 미리 계획해야 합니다.

••• 가구 배치/주요 동선

가구의 배치나 TV, 책상 등 사용 지점에 따라 조명 위치가 달라져야 합니다. 예를 들어 식탁 조명은 식탁 가운데를 정확하게 비춰야 하고, 독서하는 공간이라면 스탠드 조명을 위한 콘센트 유무를 확인해야 합니다. 이 모든 것이 배선 설계와 공사에 직접적인 영향을 미칩니다.

## ② 조명 타입과 레이어

'조명 레이어'란 하나의 공간에서 서로 다른 목적을 지닌 여러 조명을 여러 층(layer)으로 배치하는 방법을 말합니다. 크게 메인 조명(전체 조도 확보), 태스크 조명(작업용), 무드 조명(분위기/장식) 등 세 범주로 나눌 수 있습니다.

### ⋯ 메인 조명

전체적인 밝기를 담당합니다. 거실 천장에 달리는 직부등이나 거실등, 방 하나를 전체적으로 밝히는 다운라이트 조명 등이 해당합니다. 메인 조명을 여러 개의 다운라이트로 분할해서 배치하거나 슬림/플랫(Flat)한 LED 패널 조명을 사용하는 방법도 있습니다.

### ⋯ 태스크 조명

특정 작업이 필요한 곳에 집중적인 조도를 제공하는 조명입니다. 주방 상판 위 작업 조명이나 식탁 펜던트 조명, 화장대 조명, 책상 스탠드 조명 등이 대표적입니다. 태스크 조명은 일반 전구(필라멘트 타입)를 사용하면 발열이 발생할 수 있기 때문에 LED 타입의 열 방출이 낮은 전구 사용을 권장합니다.

### ⋯ 무드등

공간에 분위기를 더하는 조명입니다. 간접 조명, 장 스탠드 조명 등은은한 조도를 주는 데 효과적이고, 밤 시간이나 영화 감상 시 메인 조명 대신 무드등을 켜면 공간이 훨씬 아늑해집니다. 조도(밝기)와 색온도(전구색/주광색/주백색)를 조절할 수 있는 제품을 선택하면

보다 스마트한 공간 생활이 가능합니다.


### ③ 공사 과정과 주의사항

••• 철거 & 배선 점검

기존 조명(거실등, 방등 등)을 떼어내고 내부 배선을 확인합니다. 노
후화된 전선이나 소켓(Socket)이 발견되면 교체하는 것이 안전하고
콘크리트 천장인 경우에는 불가피하게 노출 공사로 진행해야 할 수
도 있습니다. 만약 천장에 레일 조명, 간접 조명 트레이(조명 박스) 등
을 시공한다면 이 과정에서 목공 작업이 함께 진행됩니다.


••• 등 기구/스위치 설치

조명을 설치할 곳에 타공(구멍을 뚫는 작업)을 합니다. 천장 내부에
단열재나 기존 전선이 얽혀 있다면 반드시 전기 전문가의 확인이 필
요합니다. 스위치와 콘센트 위치도 함께 조정합니다. 스마트홈 기능
(스마트 스위치, 음성 인식 조명등 IoT)을 고려한다면 전기 배선 및
장치 호환성을 미리 체크해 둘 필요가 있습니다.


••• 메인 조명 & 무드 조명 테스트

실제로 조명을 연결해서 작동해 본 뒤, 조명의 각도나 밝기, 색온도
등을 확인합니다. 식탁 펜던트가 식탁 정중앙을 정확하게 비추는지,
거실의 소파 쪽에 그림자(음영)의 각도 등을 꼼꼼하게 점검하면서
조정합니다.

## ④ 시공 비용과 기간

### ··· 비용 편차

조명 공사 비용은 크게 조명 기구(제품) 금액 + 전기/설치 등 전문가의 인건비 + 부수 공정(천장 타공/간접 조명 박스 등)으로 나뉩니다. 예를 들어 20평대 아파트의 전체 LED 조명을 교체하고 일부를 간접 조명이나 레일 조명을 추가하는 경우, 100~200만 원 선에서 진행됩니다. 하지만 고급 브랜드의 조명 기구(펜던트 등)를 사용하거나 천장에 특별한 목공 작업을 추가해야 한다면 300만 원 이상이 되기도 합니다. 경우에 따라 비용 편차가 큰 편입니다.

### ··· 일정

조명 교체만 진행한다면 하루이틀 내에 끝날 수 있지만, 목공 공사와 병행하거나 기타 다른 공정과 맞물릴 경우, 그 이상의 시간이 소요됩니다. 일반적으로 전기 작업은 인테리어 공정 초반과 후반에, 조명 설치 작업은 막바지에 진행하지만, 다운라이트 타공이나 간접 조명 트레이 설치가 필요한 경우, 목공 작업 직후(또는 중간)에 이뤄져야 하기 때문에 공정 순서를 업체와 긴밀히 조율할 필요가 있습니다.

⑤ 시공 후 체크 사항 & 유지 보수

••• 발열/전선 연결 상태

설치 직후 조명을 일정 시간 동안 켰을 때 과도한 발열이나 전선 접속부에서 이상이 없는지 확인해야 합니다. 조명이 깜빡이거나 소음(삐~ 소리 등)이 있다면 연결 상태를 다시 체크해 봐야 합니다.

••• 조도(밝기) 테스트

낮과 밤, 커튼의 개폐 등 다양한 상황에서 공간이 너무 밝거나 어둡지는 않은지 확인합니다. 특히 오브제나 액자가 걸려 있는 곳을 조명으로 돋보이게 하고 싶은 경우, 빛이 제대로 비춰지는지 시야각을 점검하는 것도 필요합니다.

••• 스위치/콘센트 배치

가구를 옮기고 나서 스위치를 누르기 불편하거나 스탠드 조명이 필요한 지점에 콘센트가 없는 경우가 종종 발생합니다. 공사를 마무리하기 전, 실제 생활 동선을 시뮬레이션해 보고 개선이 필요하면 곧바로 조정하는 편이 좋습니다.

••• 유지관리

LED 조명은 수명이 길지만, 전압의 변동이나 열이 심한 환경에서 사용하면 빛 밝기나 색온도가 서서히 변합니다. 가급적 좋은 품질의 전구와 정품 조명 사용을 권장하고 소켓이나 전기 연결 부위에 먼지가 쌓이지 않도록 주기적으로 관리해 주세요.

# *3.* 도배 공사

도배 공사는 '가장 넓은 면적'을 차지하는 벽(천장)에 적용하는 마감 공정 중 하나로, 주거 공간 인테리어에서 분위기를 효과적으로 바꿀 수 있는 방법 중 하나입니다. 합지로 만든 벽지부터 실크 벽지, 친환경 벽지까지 선택지가 다양하기 때문에 각 도배지의 특징과 예산을 살펴보고 내게 맞는 벽지를 선택하는 것이 중요합니다.

## ① 공사 시작 전, 이것부터 확인하기

'도배는 언제 해야 할까?'

### 공사 시점과 순서

우선 목공, 전기 배선, 배관 공사 등 벽을 뚫거나 파내는 공정이 모두 끝난 뒤 도배를 진행해야 벽지가 손상되지 않습니다. 천장 면이나 붙박이장 작업 등도 가급적 마무리된 시점이 좋습니다.

일반적인 공정 순서는 다음과 같습니다.
*프로젝트의 성격과 예산, 긴급성 등에 따라 변수는 있습니다.


❶ 철거 및 바탕면 정리
❷ 주요 목공/전기 공사 완료
❸ 도배
❹ 걸레받이/몰딩 마감


••• 벽면 상태 체크
도배 전에 벽면이 균일한지(바탕면 정리) 반드시 확인해야 합니다. 기존 벽에 곰팡이나 습기, 갈라짐, 물때 흔적 등이 있다면 보수 작업을 먼저 완료한 후 도배 공사를 시작해야 초배지와 마감하는 벽지가 제대로 붙고 오래 유지됩니다.


••• 기존 벽지 제거
기존 벽지를 완전히 뜯어내고 새로 붙이는 시공 방법(철거 도배)과 기존 벽지 위에 새 벽지를 덧붙이는 방법(덧방 도배)이 있습니다.


— 철거 도배
작업은 번거롭지만 마감 품질이 가장 좋고 관리도 수월합니다.


— 덧방 도배
철거 비용을 아낄 수는 있으나 두꺼워진 벽지 층 사이에서 들뜨거나 우는 등의 하자가 발생할 수 있습니다.

## ② 벽지 종류와 특징

일반적으로 '합지'와 '실크 벽지'로 크게 나뉘지만, 실제로는 친환경 벽지, 방염 벽지, 고강도 벽지 등의 다양한 종류가 있습니다.

### ••• 합지

종이와 종이가 겹쳐진 구조로 가격이 비교적 저렴하고 통기성이 좋습니다. 다만 오염과 손상에 약하고 물기에 취약하기 때문에 물걸레질이나 거친 취급에 주의해야 합니다. 주방이나 욕실에 가까운 벽면보다는 침실, 서재, 거실 등 비교적 건조한 공간에 적합합니다.

### ••• 실크 벽지(PVC 벽지)

표면에 PVC 코팅이 되어 있어서 방염이나 방수 성능이 뛰어나고 물걸레로 닦아 낼 수 있어 관리가 편리합니다. 내구성이 합지에 비해 좋아서 거실이나 아이 방, 반려동물을 키우는 주거 공간의 벽면에 주로 사용합니다. 다만, 합지 대비 가격과 시공 난이도가 높은 편입니다.

### ••• 친환경 벽지(천연 벽지)

종이와 천연 펄프, 자연 소재(대나무 섬유, 코르크, 면, 마 등)를 사용해서 만들어진 벽지로 접착제 또한 친환경 접착제를 사용하는 경우가 보편적입니다. 일반 벽지보다 소재감이 독특하고 고급스럽지만, 시공 비용이 높은 편으로 선택의 폭이 다른 벽지에 비해 제한적입니다.

••• 방염 벽지

일반 실크 벽지와 유사하지만, 방염(불에 잘 타지 않도록 억제) 처리된 벽지입니다. 불꽃이 벽에 옮겨 붙거나 번지는 것을 최대한 지연시키도록 특수 코팅되어 있어 화재 발생 시 피해를 줄일 수 있습니다. 상업 공간이나 다중이용시설(학원, 병원, 극장 등), 관공서 등은 소방법에 따라 방염 벽지 사용이 필수적이고 주거 공간에서도 안전을 위해 방염 벽지를 선택하는 경우도 있습니다. 일반 실크 벽지 대비 가격이 높은 편이지만, 화재는 안전과 직결되므로 화염 방지 벽지는 좋은 선택이기도 합니다. 시공 전 방염 성능 기준(방염 성능 적합성)을 갖춘 벽지인지 반드시 확인 후 시공해야 합니다.

••• 특수 벽지

벨벳 느낌의 직물이나 반짝이는 메탈 질감 벽지 등 독특한 질감을 표현할 수 있는 벽지입니다. 포인트 벽면에 사용하면 공간을 개성 있게 연출할 수 있지만, 공간의 벽면 전체에 시공할 경우, 자칫 과한 느낌을 줄 수 있으므로 신중한 선택이 필요합니다.

## ③ 도배 공정 흐름

**⋯ 바탕면 정리**

기존 벽지를 철거하거나 표면을 평평하게 만들고 결로(표면에서 물방울로 맺히는 현상)나 곰팡이 문제가 없는지 확인합니다. 틈새나 균열이 있으면 퍼티(Putty: 벽이나 가구 표면의 틈이나 구멍, 요철을 메워 면을 고르게 정리하는 마감 재료)로 메워서 매끈한 바탕면을 만든 뒤에 초배지(또는 본드칠, 접착제)를 발라서 접착력을 높입니다.

**⋯ 본 도배(벽지 부착)**

시공 전 벽지 길이와 패턴이 어우러지는지 체크합니다. 특히 패턴이 있으면 중간에 무늬가 어긋나지 않도록 재단하는 과정이 중요합니다. 상단 모서리(천장 부분)에서 아래로 내려오면서 공기나 접착제가 뭉치지 않도록 브러시(도배용 부드러운 붓)나 헤라(도배 끌)로 부드럽게 밀어줍니다.

**⋯ 이음새 및 모서리 처리**

문틀이나 코너 부분은 가위나 칼로 초과분을 깔끔하게 잘라냅니다. 무리하게 힘을 주면 바탕면이 찢어질 수 있기 때문에 주의해야 하고 이 공정 또한 숙련된 도배 기술자에게 의뢰하는 것이 바람직합니다. 벽지 간 이음매를 살짝 겹치거나 벌어지지 않도록 접착제가 마르기 전에 조정해서 시공하는 것이 중요합니다.

**⋯ 환기와 건조**

벽지를 붙인 직후 접착제가 마르는 과정에서 습기가 배출되므로 하루(하절기와 동절기의 온도 차에 따라 다릅니다) 정도 환기해야 합니다. 겨울철에는 난방이 강하면 접착제가 빨리 말라 벽지가 수축될 수 있으니 적정 온도를 유지하는 것이 좋습니다.

**⋯ 적정 온도**
시공 현장의 '적정 온도'는 제품(벽지, 접착제)이 최상의 성능을 발휘할 수 있도록 제조사에서 제시하는 이상적인 실내 환경 조건을 의미합니다. 외부 날씨는 이상적인 실내 조건을 만들고 유지하는 데 영향을 주는 변수지만, 외부 날씨와 관계 없이 실내 시공 현장의 온도는 시공 적정 온도에 맞춰 급격한 온도 변화를 피하도록 유지하는 것이 중요합니다.

## ④ 시공 비용과 기간

일반 아파트(약 20~30평 규모) 전체 도배 비용은 벽지 종류와 추가 철거의 필요성, 작업 난이도에 따라 달라집니다. 합지로 '덧방 도배'를 진행하면 수십만 원 선에서 끝날 수 있지만, 실크 벽지에 철거와 바탕면 정리까지 포함하면 200만 원 이상 들어가는 경우도 흔합니다. 시공 기간은 보통 하루에서 3일 정도 소요되고 마감 방법이나 마감재와 벽지의 양에 따라 2~3일의 추가 기간이 필요하기도 합니다. (이 외에도 수입 벽지 물량의 수급, 시공 인력 배치, 바닥재나 걸레받이, 몰딩 등과 연계된 공정 등 변수가 다양합니다.)

---

## ⑤ 유지/관리 팁

**··· 청소**

합지는 물걸레질이 어렵기 때문에 마른 걸레나 먼지털이로 가볍게 닦아주세요. 오염이 심하면 지우개로 부드럽게 문질러서 지워보는 방법도 있습니다. 실크 벽지는 물걸레로 닦아도 되지만, 세제로 문지르면 표면의 코팅이 손상될 수 있으므로 유의해야 합니다.

**··· 곰팡이와 결로**

집 구조나 환경(채광이 전혀 확보되지 않는 집)에 따라 곰팡이와 결로 현상이 생길 수 있습니다. 도배 시공 후에 벽 코너가 축축해지면 곰팡이가 번지기 쉽기 때문에 환기와 제습에 신경 써야 합니다. 심각할 경우, 단열 보수나 결로 방지 시공을 추가로 고려해야 합니다.

**··· 벽지 예비분 보관**

추후 벽이 긁히거나 벽지가 부분적으로 손상되는 경우를 대비해서 일정 길이의 벽지를 예비로 남겨두면 유용합니다. 동일한 롤이나 로트 번호(모델 넘버)라도 재생산 시기와 제조사의 리뉴얼 등에 따라 색감과 패턴의 차이가 있을 수 있으니 유의해야 합니다.

# 4. 인테리어 필름 시공

흔히 시트지라고 부르는 인테리어 필름은 비교적 저렴하고 시공 시간이 짧으며 가구나 문, 몰딩, 싱크대 문짝 등에 마감하는 보편적인 방법 중 하나입니다. 기본 골조를 건드리지 않고 공간 분위기에 변화를 줄 수 있다는 것이 가장 큰 장점입니다.

## ① 공사 시작 전, 이것부터 확인하기

••• 교체 vs 필름지

문이나 가구가 완전히 망가졌다면 교체도 고려할 수 있겠지만, 하드웨어나 골조가 튼튼하고 표면만 낡았다면 인테리어 필름을 씌워서 리폼하는 방법이 비용이나 시간 절감에 효과적입니다. 예를 들어 방문이나 붙박이장과 싱크대 문짝 등 내부 판재의 상태가 양호하다면 새로운 문짝을 제작하지 않고 인테리어 필름을 부착하는 방법만으로도 충분히 리폼이 가능합니다.

••• 일반 시트지

저렴하면서도 색이나 무늬가 다양해서 가벼운 DIY 용도로 많이 쓰입니다. 다만 두께가 얇아 견고함이 떨어지고, 가구 이동이나 이사 등으로 인해 시공된 부분에 충격이 가해지면 모서리부터 쉽게 들뜰 수 있다는 단점이 있습니다.

••• 인테리어 필름(고급 시트)

LX하우시스, 현대L&C, 3M 등에서 '인테리어 필름' 형태로 출시하는 제품은 두께가 두껍고 내구성이 좋으며, 우드, 메탈, 스톤 등 다양한 종류의 패턴이 실제 재질과 매우 유사한 형태로 표현돼 유통되고 있습니다. 시공 난이도가 높아서 DIY보다는 전문 시공자가 작업하는 것이 좋고, 완성도 역시 DIY에 비해 월등히 높습니다.

••• 특수 기능성 필름

방염, 항균, 발수 코팅 기능이 있는 필름으로 상업 공간이나 아이방, 욕실 문짝 등에 활용 시 오염과 습기로부터 보호할 수 있습니다.

## ② 시공 과정과 주의 사항

**⋯ 표면 상태 확인**

인테리어 필름을 붙일 문이나 가구, 몰딩 등의 표면이 울퉁불퉁하거나 기존 인테리어 필름이 잘못 시공되어 있을 경우, 먼저 사포질과 퍼티(Putty) 작업 등으로 최대한 평평하게 정리해야 합니다. 그래야만 필름이 시공 부분에 잘 밀착될 수 있습니다. 기름때나 먼지가 남아 있으면 접착력이 크게 떨어지므로 시공 전에 알코올이나 중성세제 등으로 깨끗이 닦은 뒤 물기까지 제거합니다.

**⋯ 재단과 패턴 방향**

우드(wood)결 무늬나 돌, 대리석 패턴 등 실제 재질이 프린팅된 인테리어 필름의 경우, 결 방향에 유의해야 합니다. 예를 들어 긴 벽면에 이어서 시공해야 할 경우, 패턴이 서로 이어지는 느낌을 주기 위해 패턴이 뒤집히지 않도록 주의가 필요합니다. 일반적으로 문 하나에 필름 한 장을 통째로 붙이는 방식으로 시공하지만, 문 손잡이나 경첩 부분은 칼집을 내 맞춰야 하기 때문에 세심한 작업이 필요합니다.

**⋯ 마무리 & 점검**

필름 시공을 맡긴 후 시공 상태를 꼼꼼히 확인하는 마무리 과정이 필요합니다. 부착 상태와 모서리, 연결 부위의 마감 상태를 세심하게 살펴보세요. 특히 문짝, 몰딩, 가구 모서리 부분은 필름이 들뜨거나 단차가 생기기 쉬운 영역이므로 접착이 잘 되었는지 확인해야 합니다. 시공 후에는 접착 안정화를 위해 일정 시간 강한 충격이나 물 접촉을 피하는 것이 좋습니다.

## ③ 시공 비용과 기간

간단한 싱크대 문짝(6~8짝가량)은 셀프로 시공할 수 있지만, 기술자와 초보자 간의 결과물은 편차가 큽니다. 특히 곡선이나, 문틀, 수납장, 몰딩처럼 면이 넓고 복잡할 경우, 전문가의 시공을 권장합니다. 전문 시공팀을 부를 경우 보통 문은 1짝당 10~15만 원 선에, 붙박이장은 미터(m)당 10만 원 내외로 견적이 예상됩니다. 다만 자재 브랜드, 패턴, 작업 난이도에 편차가 발생합니다. 인테리어 필름 공사의 소요 시간은 작업 범위에 따라 다를 수 있지만, 일반적으로 3~4짝의 시공의 경우는 하루, 부엌 싱크대 도어처럼 작업 면적이 넓다면 이틀 이상 소요된다고 볼 수 있습니다.

## ④ 유지 보수 및 관리

••• 생활 스크래치 주의

필름 표면은 일정 수준의 내구성이 있지만, 날카로운 물체나 열에 직접적으로 닿게 되면 쉽게 손상될 수 있습니다. 칼자국이나 강한 마찰이 있을 만한 환경이라면 추가 보호대(플라스틱 몰딩 등)를 사용하는 것도 좋은 방법입니다.


••• 오염과 물기

물기가 닿는 부분(싱크대 문짝, 욕실 문, 욕실 내 수납장 등)은 필름 모서리가 들뜰 가능성이 높기 때문에 주기적으로 체크해야 합니다. 특히 시공 후 초기에 물을 뿌리거나 고온다습한 상태로 만드는 상황은 피하는 게 좋습니다.


••• 교체 주기

전문가가 시공한다면 3~5년 동안 하자(사용자, 환경 등 변수 영향 편차) 없이 유지될 수도 있습니다. 생활 흠집이나 새로운 분위기를 원할 경우, 기존 필름을 뜯어내고 표면을 다시 정리한 뒤 새로운 필름을 붙일 수 있기 때문에 재시공이 상대적으로 용이합니다.

# *5.* 바닥재 시공

한국 주거 공간에서 바닥은 온돌 구조와 맞물려 생활의 편의와 분위기를 좌우하는 요소입니다. 집안에 발을 디디는 순간 느껴지는 촉감과 바닥 색상, 재질이 주는 이미지는 전체적인 인테리어의 완성도를 결정합니다. 바닥재로는 강마루, 원목마루, 데코타일, 장판 등 다양하므로 예산이나 취향, 용도에 맞춰 선택해야 합니다.

### ① 공사 시작 전, 이것부터 확인하기

… 공간 용도와 라이프 스타일

가족 구성원이나 관리 스타일에 따라 적합한 바닥재가 달라집니다. 반려동물을 키운다면 긁힘에 강한 강마루나 강화마루를, 아기가 있는 집이라면 친환경 소재의 바닥재를 고려할 수 있습니다.

••• 온돌 구조

한국 온돌식 바닥은 난방 배관과 배선이 코일로 깔려 있어 바닥재의 열 전달 성능이 생활 편의와 난방비에 영향을 미칩니다. 바닥재에 따라 열 전달율이 높은 대신 보온성은 떨어질 수 있고, 온기가 서서히 오르는 대신 실내 온도가 잘 떨어지지 않는 장점이 있을 수 있습니다. 평소 난방을 사용하는 방법에 따라 선택지는 달라집니다.

••• 기존 바닥 철거 vs 덧방(덧깔기)

— 철거 시공

기존 바닥재가 심하게 손상되었거나 곰팡이, 들뜸, 파손이 있는 경우라면 철거 후 바닥을 평탄화하고 보수해야 새 바닥재를 깔 수 있습니다.

— 덧방 시공

기존 바닥 상태가 양호하다면, 그 위에 새 바닥재를 덧씌우는 시공 방법도 가능합니다. 공사 기간과 소음, 먼지 발생을 줄일 수 있지만, 바닥 높이가 올라가 문턱이나 걸레받이, 보일러실과 화장실 문과 높이가 맞지 않을 수 있으므로 주의가 필요합니다.

## ② 바닥재의 종류와 특징

크게 강마루, 원목마루, 데코타일, 장판 등이 대표적인 바닥재로 사용됩니다. 이 외에도 강화마루, 합판마루, 코르크 바닥재 등 다양한 자재가 있으니 용도와 예산에 맞춰 선택합니다.

### ⋯ 강마루

여러 겹의 합판 또는 고밀도 섬유판(HDF)에 표면 경도가 높은 층을 접합해서 만든 마루재로, 내수성과 내구성이 우수합니다. 찍힘과 긁힘이 비교적 적어서 일반 가정용으로 많이 사용되며 관리도 무난한 편입니다. 합판마루보다 가격대가 조금 높은 편에 속하지만 대중적이고 무난한 바닥재입니다.

### ⋯ 원목마루

원목을 사용한 바닥재로 자연스럽고 따뜻한 나뭇결이 특징입니다. 습도와 온도 변화에 따라 갈라짐이나 뒤틀림이 있을 수 있고 관리가 까다로운 편이며 가격도 높은 편에 속합니다. 천연 목재 특유의 질감과 품질로 고급스러운 인테리어를 지향할 때 고려해 볼 수 있습니다.

### ⋯ 데코타일

폴리염화비닐(PVC, Polyvinyl Chloride) 소재로 만들어진 바닥재로 나무, 대리석, 콘크리트 등의 실제 패턴을 표면에 표현한 바닥재를 말합니다. 시공이 비교적 간편하고 물에 강해 습도가 있는 공간에서도 유용하게 사용됩니다. 보행 시 발소리가 날 수 있고, 미끄러울 수 있어 실물 샘플을 확인해 보는 것이 좋습니다.

---

          5  부분 시공으로 완성도 높이기

••• 장판

롤 형태의 바닥재로 최근 친환경 소재를 적용해 디자인이 개선된 장판이 많이 출시되고 있습니다. 방수성과 방오성이 우수해서 청소나 유지 관리면에서 편리하며 비용도 상대적으로 저렴하기 때문에 전/월세 주택이나 가성비를 중요시 할 경우 선택할 수 있는 바닥재입니다. 열전도율도 비교적 좋은 편이지만, 두께가 얇거나 접합부 관리가 미흡하면 들뜸 현상이 발생할 수 있으므로 전문 기술자의 시공이 필요합니다.

## ③ 바닥재 시공 과정

••• 바닥 면 정리(철거/평탄화)

기존 바닥재 철거 시, 하부에 깔린 스티로폼, 단열재, 방음재, 고무판 등을 모두 제거하고 바닥 평탄화 및 보수를 먼저 진행합니다. 덧방 시공이라면 들뜸이나 습기 문제가 없는지 꼼꼼하게 체크합니다. 필요 시 하부에 단열재나 방음재, 충진재를 추가로 설치 및 도포합니다.

••• 바닥재 깔기

— 강마루/원목마루 등

1장씩 끼워 맞추는 방식으로 가장자리에는 습도 변화에 따른 수축·팽창 여유 공간을 반드시 확보해 둡니다. 바닥재 제품에 따라 접착제나 클릭(끼움) 방식으로 구분해 시공합니다.

▬ 데코타일/장판

접착제나 전용 본드를 사용해 바닥 전체에 균일하게 시공합니다.
공기나 주름이 생기지 않도록 주의하고 시트 줄 사이 이음매도
확인해야 들뜸 또는 물 스며듦이 덜할 수 있습니다.

••• 걸레받이와 몰딩 처리

바닥재 끝선을 마무리하기 위해서 걸레받이나 몰딩을 시공합니다.
이 시공은 수축이나 팽창으로 부족한 마감 상태가 보이는 곳을 가려
주고 전체 공간의 테두리 면을 깔끔하게 연출할 수 있습니다. 마감
작업이 미흡하다면 틈이 벌어져서 미관과 위생상 모두 문제가 생길
수 있으므로 꼼꼼한 확인이 필요합니다.

••• 청소와 양생

시공 후 바닥에 남은 먼지·접착제 찌꺼기를 물걸레나 진공청소기
로 제거하고, 가급적 1~2일 정도는 무거운 가구를 놓지 않는 편이
안전합니다. 특히 접착 방식의 시공이라면 본드가 완전히 굳을 때까
지 시간이 필요하므로 공사를 마친 뒤 최소 하루 정도는 방치하는
것이 좋습니다.

## ④ 비용과 시공 기간

시공 비용은 바닥재 종류와 시공 난이도(철거 여부, 평탄화 작업, 방 개수 등)에 따라 달라집니다.

30평형 아파트를 기준으로 볼 때
○ 강마루: 250~350만 원 이상
○ 원목마루: 400~500만 원 이상
○ 데코타일: 200~300만 원 전후
○ 장판: 100~200만 원 전후
*자재 브랜드/디자인/난이도에 따라 편차가 큽니다.

보통 철거와 시공까지 3~5일 정도 잡으면 무리가 없습니다. 덧방 시공은 철거가 없어 시간이 단축될 수 있지만, 바닥 높이가 달라지는 문제나 하부 습기 관리 이슈 등을 반드시 체크해야 합니다. 실제 견적은 지역이나 업체, 자재 브랜드, 공사 범위, 추가 공정(방음재/단열재/문턱 조절 등)에 따라서 크게 달라질 수 있으므로 여러 곳에서 비교 견적을 받아보는 것을 권장합니다.

# ⑤ 시공 후 유지/관리 팁

**⋯ 습기와 온도에 주의**

목재로 된 바닥재는 장마철에 환기를 충분히 해야 하고, 난방이 과하면 갈라질 수 있으므로 온도를 적절히 조절해야 합니다. 장판이나 데코타일도 습기가 바닥면으로 스며든다면 들뜸이 생길 수 있으므로 물기를 오래 방치하지 않도록 주의해야 합니다.

**⋯ 긁힘이나 찍힘 방지**

가구 다리에 보호 패드를 부착하고, 반려동물이 있다면 발톱 관리에 주의가 필요합니다. 무거운 물건을 바닥 위로 끌게 되면 흠집이 생기기 쉽기 때문에 들어서 옮기는 것이 좋습니다.

**⋯ 난방 효율 체크**

시공 후 바닥에 열 전달이 고르게 되는지, 특정 바닥 부분만 차갑지 않은지 확인합니다. 문제가 있다면 온수 배관 상태나 밸브 조정, 바닥 시공 과정에서 틈새가 생기지 않았는지 점검합니다.

**⋯ 침수 대처**

많은 양의 물을 쏟거나 보일러나 배수관, 세탁기 호스가 터지면 바닥재 아래로 물이 침투해 전체가 부풀거나 곰팡이가 생기게 됩니다. 일부만 교체한다면 금세 다시 문제가 생길 가능성이 높기 때문에 전면 철거 후 다시 시공하는 것이 안전할 수 있습니다.

# 6. 싱크대 교체

주방은 집에서 물과 불, 음식 냄새가 공존하는 공간으로, 가구나 마감재가 낡거나 손상되기 쉽습니다. 싱크대 교체는 수납 효율과 동선을 개선하고 생활 편의성까지 높이는 공정 중 하나입니다. 완전히 새롭게 제작하지 않고 문짝이나 상판만 교체한다거나 리폼(필름 시공)으로 대체하는 방법도 있기 때문에 예산과 기존의 상태를 종합적으로 판단해야 합니다.

## ① 싱크대 교체, 꼭 필요한가?

### ⋯ 상태 점검

싱크대 하부가 물에 젖어서 썩거나 부풀어 오른다면 전체 교체를 검토해야 합니다. 문짝이 갈라지거나 경첩, 기타 중요 하드웨어가 녹슬어서 제 기능을 못할 때도 마찬가지입니다. 반면 문을 여닫는 데 큰 문제가 없고, 표면의 마감만 손상되었다면 문짝만 새로 교체하거나 인테리어 필름 작업을 고려해 볼 수 있습니다.

### ⋯ 용도와 동선

기존 싱크대 배치가 불편하거나 수납 공간이 부족하다면 주방 레이아웃(layout)을 바꾸는 것도 방법입니다. 공간의 여건에 따라서 일자형 싱크대를 ㄱ자형이나 ㄷ자형으로 바꾼다거나 아일랜드 식탁을 추가하는 방법도 있습니다. 하지만 구조 변경은 배관 위치를 옮겨야 하거나 인테리어 공사 범위가 크게 늘어날 수 있으니 사전에 예산과 시공 가능 여부, 기간 등을 체크해야 합니다.

### ⋯ 예산 대비 효과

싱크대 전체를 교체하면 문짝(door), 싱크대 본체(body), 상판(top sheet), 수전, 싱크볼, 기타 하드웨어 등 세세한 요소까지 새로 제작되기 때문에 주방 분위기가 크게 달라집니다. 부분 교체나 리폼 시공은 저렴하고 신속하다는 장점이 있지만, 싱크대 본체 자체가 낡았다면 다른 문제가 생길 가능성이 있으므로 신중한 선택이 필요합니다.

## ② 싱크대 구성 요소와 선택 요령

••• 싱크대 본체(상/하부장)

싱크대 본체(상·하부장)는 주로 MDF, PB(파티클보드), 합판, 방수합판 등의 자재로 제작되며 표면은 필름이나 페인트, 시트지(인테리어 필름) 마감이 일반적입니다. 물 사용 빈도가 높은 주방의 특성상 방수 기능이 뛰어나고 내구성이 좋은 자재를 선택하는 것이 좋습니다.

••• 문짝(도어)

넓은 면이 보이는 싱크대의 문짝은 주방 분위기를 좌우할 만큼 컬러나 패턴 선택이 중요합니다. 하이글로시(광택)는 관리가 편리하지만 지문이나 오염이 눈에 잘 띄고, 우드(wood) 무늬나 무광(matte) 마감은 차분한 느낌을 주지만 물자국 관리에 다소 취약하다는 특징이 있습니다.

••• 상판(조리대)

상판의 마감재로 인조 대리석, 세라믹, 천연 대리석이나 돌, 금속판 등이 대표적입니다.

— 인조 대리석

가공성과 내구성이 우수하고 가격이 비교적 합리적입니다.

— 세라믹 상판

열전도율이 좋고 손상(스크래치)에 뛰어나지만 가격대가 높고 충격에 깨질 수 있다는 단점이 있습니다.

— 금속판
세련된 마감이 가능하고 방수와 내열 기능이 탁월하지만 소음이
나 물때에 취약합니다.


— 천연 대리석과 돌
자연석만의 고급스러운 질감과 무늬가 장점이지만, 손상(스크래
치)이나 오염에 취약합니다.


… 수전(수도꼭지)와 싱크볼(개수대)
수전은 수압 조절, 분사 방식, 필터의 유무 등을 고려해서 선택해야
합니다. 스프레이 건 형태로 뽑아서 사용할 수 있는 제품은 세척과
싱크대 관리가 편리하다는 장점이 있습니다. 싱크볼은 1볼, 1.5볼, 2
볼형이 있으니 평소 주방에서 사용하는 식기의 양과 세척 습관에 맞
춰서 선택하는 것이 좋습니다. 내구성과 하부 방음이 중요하기 때문
에 스테인리스 재질을 보편적으로 사용합니다.


… 하드웨어(경첩/손잡이/서랍 레일 등)
싱크대 문짝은 여닫을 때의 부드러움, 유지 관리, 서랍의 밀착도, 디
자인 등과 직결되기 때문에 선택 단계부터 좋은 품질의 하드웨어
를 고르는 것을 권장합니다. 문을 닫을 때 부드럽게 해주는 댐퍼
(damper)와 높은 상부장의 문짝을 올려주는 유압 댐퍼(일명 쇼바)
기능이 특히 유용합니다.

---

　　　　　5　부분 시공으로 완성도 높이기

## ③ 교체 공정

··· 기존 싱크대 철거

기존의 싱크대를 교체하고자 한다면 문짝, 싱크대 상판, 상/하부장 등을 전부 해체하고 가스레인지나 인덕션, 빌트인 오븐도 해체하여 안전하게 정리합니다. 이 과정에서 벽면이나 바닥에 손상이 생길 수 있으니 다른 공정(타일 교체, 도배, 바닥 시공 등)과의 조율이 필요합니다.

··· 동선과 배관 점검

싱크대 배치를 바꾸거나 빌트인(Built-in) 식기세척기나 오븐 등을 추가로 설치하려면 배관과 배선 작업이 필요합니다. 수도 배관과 배수관 위치가 달라지면 타공이나 연장 공사가 진행되며 이때 비용이 발생할 수 있습니다.

··· 싱크대 설치

하부장부터 상부장 순으로 싱크대 본체를 조립 및 설치하고, 상판을 얹어 문짝과 하드웨어 등을 달아줍니다. 인조 대리석 상판은 별도의 시공 전문가가 현장에서 재단, 연마, 설치하는 경우가 일반적입니다. 가공 과정에서 분진이 많이 발생하기 때문에 각별히 신경 써야 합니다.

··· 수전/싱크볼 연결

싱크대 상판에 개수대(싱크볼)를 부착하고, 배수 배관을 연결한 뒤에 수전을 설치합니다. 수도 연결 시 누수가 없는지 확인하기 위해서 물을 틀어 흘려보내는 과정이 필수적이고, 배수 트랩도 제대로 설치되었는지 확인합니다. 빌트인 식기세척기를 연결하거나 정수기 라인을 따로 분리해서 사용할 경우, 중간 배관과 연결 부속품을 추가로 설치해야 합니다.

••• 마무리

싱크대의 모든 문짝을 여닫아 수평과 수직이 잘 맞는지, 설치된 하드웨어가 삐걱대지 않는지 체크합니다. 주방 타일이나 벽지, 마루 등과 마감선을 깔끔하게 연결해주는 코킹 작업(실리콘)을 진행한 뒤 시공 현장의 먼지와 자재 찌꺼기 등을 정리하고 마무리합니다.


## ④ 시공 비용과 기간

••• 전체 교체

20평대 아파트 기준으로 150~300만 원 정도가 일반적이지만, 상판 재질(세라믹, 고급 인조 대리석), 유명 브랜드의 하드웨어, 추가 빌트인 옵션 등에 따라 그 이상이 될 수도 있습니다.

••• 문짝/상판만 교체

이 경우 80~150만 원 수준에서 진행되는 경우가 대부분입니다. 공사 기간은 실측, 제작, 시공까지 최소 4일에서 규모가 크거나 다수의 변경 사항이 있다면 일주일 이상이 걸릴 수 있습니다. (집의 평형/자재 브랜드/디자인 복잡성 등에 따라 편차가 큽니다.)

⑤ 유지 보수 및 관리

••• 습기와 상판

싱크대 하부는 배수관 누수나 습기, 빌트인 가전의 열기로 인한 온도 차로 곰팡이가 생기기 쉬운 곳입니다. 하부장 내부를 주기적으로 환기하거나 누수가 생겼을 때는 즉시 물기를 제거하는 것이 중요합니다. 상판에는 뜨거운 냄비나 후라이팬을 바로 올려놓지 않도록 주의해야 합니다. (특히 인조 대리석과 우드 상판)

••• 경첩과 서랍 레일

문이 비뚤어지거나 완전히 닫히지 않을 때는 경첩 나사가 헐거워진 경우가 대부분입니다. 이 문제는 드라이버로 조정하면 해결할 수 있습니다. 서랍 레일이 뻑뻑해지면 레일 청소 및 윤활유 도포만으로도 손쉽게 개선할 수 있습니다.

••• 환기와 청결

음식물을 다루는 공간인 만큼 기름때나 음식물 찌꺼기가 싱크대 구석에 쌓이지 않도록 수시로 청소가 필요합니다. 환풍기나 창문을 열어서 습기를 제거하는 것도 싱크대 관리에 큰 도움이 됩니다.

# 7. 페인트

페인트는 공간에 색을 입히는 공정이지만, 실제 시공 과정은 의외로 까다롭습니다. 준비부터 마감 후 관리까지 꼼꼼히 신경 써야 원하는 색감을 얻을 수 있고 내구성도 좋아지기 때문입니다. 또한 탄성코트(결로 방지 페인트)는 균열과 습기로부터 보호하기 위해 쓰이는 마감재입니다. 인테리어 과정에서는 특정 부위(발코니, 세탁실, 실외기실 등)에 주로 사용합니다.

① 페인트 공사 전, 이것부터 확인하기

••• 페인트와 도배, 어떤 것을 택할까?
도배 공사에 비해 페인트 공사는 색상 선택 폭이 훨씬 다양하고 독특한 질감을 낼 수 있다는 장점이 있습니다. 방수나 방염 기능을 갖춘 특수 페인트도 있습니다. 벽면의 상태가 고르지 않다면 손이 훨씬 많이 가는 작업 중 하나이기도 합니다. 균열이나 울퉁불퉁함을 사포질(샌딩)이나 퍼티, 프라이머 작업 등으로 장시간 보수해야 하기 때문에 도배보다 소요되는 기간이 더 길어지는 경우도 있습니다.

••• 바탕면 상태
페인트 공사는 바탕면의 컨디션에 따라 영향을 많이 받습니다. 바탕면이 되는 자재에 따라 사용할 프라이머(접착 보조제)와 전용 페인트가 달라지고, 기존 페인트층에 하자가 있다면 완전히 제거 후 면 정리를 먼저 진행해야 깔끔하게 마감할 수 있습니다.

••• 냄새와 환기
수성 페인트가 보편화되면서 냄새나 유해 물질 발생이 비교적 줄었지만, 여전히 페인트 시공 중 환기는 필수입니다. VOCs(휘발성유기화합물) 함량이 낮은 친환경 페인트 제품을 선택하더라도 적절한 환기가 이뤄지지 않는다면 현장에서 두통이나 어지럼증을 느낄 수 있고 시공 완료 후에도 마찬가지입니다. 따라서 미리 환풍기나 창문 개방을 통해 충분한 환기를 권장합니다.

## ② 페인트 종류와 선택

### ••• 수성 페인트

물로 희석하여 사용하는 페인트로 냄새가 비교적 적고 건조가 빠릅니다. 인테리어용으로 가장 널리 사용되고 초보자도 비교적 쉽게 칠할 수 있습니다. 내오염성은 유성 페인트에 비해 떨어지는 편이지만, 도료 개발의 발전으로 방수나 내구성이 향상된 페인트 제품들도 다양하게 출시되어 있습니다.

### ••• 유성 페인트

도료 희석제(신나, thinner) 같은 유기용제로 희석해서 사용하는 페인트를 말합니다. 건조에 오랜 시간이 소요되고 냄새가 강해, 환기를 충분히 해야 합니다. 물이나 마찰에 강하기 때문에 손상이 잦은 환경이나 금속재 마감의 표면 등 특정한 용도에서 주로 활용하고, 주거 공간에서는 수성 페인트에 비해 상대적으로 쓰임새가 줄어들고 있는 추세입니다.

### ••• 친환경(무독성) 페인트

VOCs 함량이 매우 적거나 천연 재료 기반으로 만든 페인트 제품으로 노인이나 아이 방, 반려동물 공간에서 주로 사용하고 있습니다. 일부 제품은 가격이 높고 색의 선택 폭이 제한적이지만, 건강과 안전을 고려한다면 좋은 페인트입니다.

### ••• 특수 기능성 페인트

방오, 방염, 방수, 곰팡이 억제(탄성코드) 등 특정 기능이 강화된 페인트를 말합니다. 예를 들어 욕실 문이나 주방 뒷면처럼 물 사용 빈도가 잦은 부위나 발코니, 실외기실 벽면 등을 방수 페인트로 마감하면 관리가 편해집니다.


## ③ 페인트 공정

••• 바탕면 정리와 프라이머 도포

기존 페인트층이 하자가 있다면 반드시 스크래퍼나 사포질(샌딩)로 제거하고, 균열은 퍼티(Putty)로 메꾸어 면을 평탄하게 합니다. 시공할 면에 맞는 프라이머를 칠해서 칠할 페인트의 접착력과 내구성을 높입니다. 프라이머는 일반적으로 석고보드용, 콘크리트용 등 전용 프라이머로 나눌 수 있습니다.


••• 마스킹과 보호 작업

페인트가 묻으면 안 되는 부위(마감이 끝난 면, 몰딩, 걸레받이, 콘센트와 스위치, 창틀 등)를 마스킹 테이프나 비닐로 꼼꼼하게 보호합니다. 바닥에는 방수포를 깔아 페인트칠 중에 몇 방울이 떨어지더라도 무방하도록 준비합니다.


••• 1차 도장과 건조

롤러나 붓, 스프레이 건 등을 사용해서 1차 도장을 진행합니다. 수성 페인트라면 물에 희석해서 농도를 조절합니다. 너무 진하면 자국이 남게 되고 너무 묽으면 쉽게 흘러내리기 때문에 적정한 비율로 배합하는 것이 중요합니다. 건조는 온도와 습도에 따라서 편차가 있지만,

보통 2~4시간 사이에 마릅니다. 그러나 완전히 건조되려면 하루 이상 소요될 수 있으므로 충분한 양생 시간이 필수입니다.


**··· 2차(+3차) 도장**

페인트는 보통 2회 이상 겹칠을 진행해야 균일한 색감과 고른 마감 상태가 됩니다. 중간에 사포질(샌딩)로 표면을 부드럽게 다듬어주면 마감 상태가 한결 좋아집니다. 페인트 색상의 농도가 연하거나 진한 색을 밝은 색으로 덮을 경우 3회 이상 칠해야 얼룩이나 이색 없이 마무리할 수 있습니다.


**··· 마스킹 제거와 리터치**

페인트가 완전히 마르기 전에 테이프를 살짝 뜯어 번지지 않았는지 확인하고 필요하다면 추가 리터치를 진행합니다. 혹시 흘러내린 자국이나 칠이 미흡한 부분이 있다면 부분적으로 덧칠해 매끈한 마감 상태를 만듭니다.

---

　　　　5　부분 시공으로 완성도 높이기

## ④ 탄성코트는 무엇인가?

탄성코트는 탄성(신축성)이 있는 수지 계열의 페인트 마감재 종류로, 주로 아파트의 공용 부위(엘리베이터 홀이나 계단실), 건물 외벽, 옥상 방수, 발코니나 세탁실 벽 등 습기로 인한 균열과 누수가 있는 부위에 사용합니다. 기본적으로 방수와 방균 기능이 있기 때문에 결로나 곰팡이를 줄여주며, 벽면에 미세한 균열이 생기더라도 탄성이 있기에 일반 페인트처럼 갈라지지 않습니다. 인테리어에서는 주로 습도가 높은 곳(발코니, 세탁실 부위)에 사용할 수 있지만, 내구성이 뛰어난 만큼 가격과 시공 난이도가 올라간다는 점을 고려해야 합니다.

## ⑤ 시공 비용과 기간

인테리어 페인트 공사는 20평대 아파트 전체 기준으로 80~150만 원 정도의 비용이 발생합니다. 이 또한 자재나 면적, 시공 난이도에 따라 큰 차이가 있습니다. DIY로 시공한다면 자재비 20~30만 원 내외로 가능하지만, 작업 난이도가 높은 편이고 특히 초보자들은 결과물이 만족스럽지 않을 수 있습니다. 또한 탄성코트 작업의 경우 아파트에서 주로 발코니나 실외기실, 세탁실 등에 방수와 방균 차원에서 진행하고, 하루이틀 정도 소요되며 업체마다 평당 견적이 달라집니다. 일반적으로 평당 5~10만 원 수준으로 보수 범위와 마감 정도에 따라 상이합니다.

⑥ 유지 보수 및 관리

… 환기와 냄새 제거

시공 직후에는 페인트 냄새가 반드시 남기 때문에 최소 하루 이상 창문을 열어서 충분히 환기해 줄 필요가 있습니다. 야간이나 미세먼지 등으로 환기가 어렵다면 서큘레이터나 환풍기를 활용해서 공기 순환을 극대화해야 합니다.

… 생활 오염 관리

수성 페인트가 완전히 말랐다면 표면에 먼지가 잘 묻지 않지만, 음식물이나 물이 묻었을 경우 즉시 닦아내야 얼룩이 남지 않습니다. 만약 긁히거나 벗겨지는 등의 부분 손상이 있다면 여분의 페인트나 비슷한 색상을 소량 보관해 두었다가 부분적인 보수 작업을 진행합니다. 페인트 공정이 완료되면 사용했던 페인트를 여분으로 남겨 두는 것이 좋습니다.

… 탄성코트 점검

발코니나 세탁실 등에 탄성코트로 마감했다면 균열이나 곰팡이 발생 여부를 주기적으로 살펴봐야 합니다. 누수나 결로에 따른 하자는 초기에 대응하는 것이 중요하므로 작은 틈이나 물방울도 방치하지 않는 것이 좋습니다.

# 8. 그 외 공사 (샤시, 줄눈, 타일 덧방 등)

생활 편의성과 미관을 높이는 데 꼭 필요한 작업들이 있습니다. 창문이나 문틀을 업그레이드하는 샤시 교체, 욕실이나 주방 바닥, 벽면의 줄눈 시공, 낡은 타일 위에 새 타일을 덧붙이는 타일 덧방 시공 등이 대표적입니다. 이 공정들은 공사 기간이 짧고 범위가 비교적 좁지만 결과에 대한 만족도는 의외로 클 수 있습니다.

① **샤시 교체**

샤시(창틀)는 실내 온도 유지나 외부 소음 차단, 결로 방지 등에서 중요한 역할을 합니다. 단열 성능이 우수한 창호로 교체하면 냉/난방 비용을 크게 절감할 수 있고, 결로나 곰팡이 같은 문제 또한 예방할 수 있습니다. 오래된 알루미늄 창호에서 PVC 이중창, 시스템 창호 등으로 바꾸는 사례가 대표적입니다.

••• 시공 전 확인사항

— 창호 규격
아파트나 빌라마다 창문 크기가 모두 다르기 때문에 정확한 치수 측정이 필수입니다.

— 단열 등급
창호의 에너지 효율 등급을 확인합니다. 1등급일수록 단열과 방음 성능이 우수한 제품입니다.

— 시공 범위
거실 창만 교체할지, 방안의 창문까지 전부 교체할지에 따라 예산과 공사 기간이 크게 달라집니다.

— 실내외 마감
창틀 교체 시 실내의 몰딩이나 벽체, 외부의 실리콘과 미장 부분도 재작업이 필요할 수 있기 때문에 추가 비용까지 고려해야 합니다.

••• 시공 과정

❶ 기존 창틀 철거
❷ 새 창틀 설치(수평/수직 정확도 체크)
❸ 창문 조립과 검수
❹ 실리콘/단열재 충진 & 마감

창문 교체는 흔히 하루이틀이면 끝나지만, 시공 후 하자가 발견되면 수정이 번거롭기 때문에 문이 잘 열리고 닫히는지, 틈새로 바람이 새지 않는지 등을 꼼꼼히 점검해야 합니다.

••• 비용
20/30평 아파트 기준, 거실 메인 창 교체 시 보통 500만 원부터 시작해서 모든 창문(방 2~3개, 거실, 주방 창호 등) 교체 시 그 이상 발생할 수 있습니다. 창호 브랜드나 성능 등급, 시스템 창 종류 등에 따라 비용이 상이합니다.

## ② 줄눈 보수

욕실이나 주방, 현관 등 시공된 타일 사이의 틈에 채워 넣는 '메지'(시멘트나 레진 등)를 줄눈이라고 부릅니다. 오래되면 때가 끼거나 변색되고 곰팡이가 생기기 쉬워 바닥 전체가 지저분해 보이기 때문에 줄눈 시공 사례가 많습니다. 가벼운 줄눈 시공만으로도 욕실과 주방 분위기를 바꿀 수 있습니다.

••• 주의할 점

— 곰팡이와 물때 제거
줄눈 시공 전, 기존 줄눈과 곰팡이를 깨끗하게 제거하고 표면을 건조시키는 것이 중요합니다.

— 소재 선택
에폭시 줄눈, 레진 줄눈, 시멘트 줄눈 등 종류가 다양합니다. 방수나 오염 방지에 초점을 둔다면 레진이나 에폭시 제품이 좋지만, 가격이 높은 편입니다.

— 시공 순서
타일 덧방 시공이나 방수 공사와 일정이 겹친다면 반드시 일정을 조율해서 앞의 공정이 모두 끝난 후에 진행해야 합니다.

---

　　　　　5　부분 시공으로 완성도 높이기

❶ 기존 줄눈 긁어내기
❷ 청소와 건조
❸ 새 줄눈 시공 & 표면 정리
❹ 양생 후 마무리 닦기

줄눈이 고르게 채워지도록 섬세한 작업이 필요하므로, DIY보다는 줄눈 전문 시공자나 숙련된 인테리어 업체에 맡기는 것을 권장합니다.

••• 비용

욕실 1곳 기준 15~30만 원이 일반적이며 에폭시나 레진의 줄눈재를 사용한다면 가격이 올라갑니다. DIY로 시공한다면 재료비는 5~10만 원 내외지만, 기술자의 결과물과 비교했을 때 만족도 면에서 차이가 클 수 있습니다.

## ③ 타일 덧방

기존 타일을 전부 철거하려면 소음과 먼지, 폐기물 처리 등 번거로운 공정이 발생합니다. 하지만 기존 타일의 상태가 양호하다면 그 위에 새 타일을 '덧붙이는' 방법으로 시공하여 시간과 비용을 단축할 수 있습니다. 욕실 리모델링에서 자주 쓰이는 시공 방법입니다.

••• 가능 여부 진단

— 기존 타일 상태
기존 타일이 들뜨거나 심하게 파손돼 있으면 덧방 시공이 어렵습니다. 전체 철거를 권장합니다.

— 층고/배수구 위치
바닥 타일을 덧방하면 그 높이가 높아져서 물이 고이거나 문턱 높이 조절이 필요할 수도 있습니다.

— 방수 성능
욕실의 경우라면 기존의 방수층이 유지되는지, 덧방 시공 후에도 문제가 없는지 전문가에게 의견을 구하고 점검해야 합니다.

••• 덧방 시공 과정

❶ 기존 타일 상태 점검(들뜸/균열 유무)
❷ 표면 세척 & 프라이머 도포
❸ 새 타일 시공(접착제/시멘트 몰탈 등)
❹ 줄눈 시공
❺ 양생 & 청소

작업 자체는 철거를 생략하기 때문에 비교적 간단해 보일 수 있지만 기존 타일 면의 상태에 따라 시공 난이도가 달라지고, 하자 발생 시 보수 작업이 더 복잡할 수 있음을 염두에 두어야 합니다.

••• 비용

철거를 생략하기 때문에 철거 비용이 절약되지만, 바탕면의 상태에 따라 별도의 보수나 프라이머가 필요할 수 있습니다. 욕실 전체 리모델링을 기준으로 100만 원 전후에 공사할 수 있지만, 고급 타일이나 시공 면적, 난이도에 따라 200~300만 원 이상의 비용이 발생할 수 있습니다.

# 나를 닮은 공간을 만들다

**초판 1쇄 발행** 2026년 3월 31일

**지은이** 이주영 강준하 김희연

**책임편집** 윤소연 양지원
**디자인** 모쓰  스튜디오 MOTHW studio
**마케팅** 임주성 이유림 **경영지원** 이지원

**펴낸곳** 파지트 **펴낸이** 최익성
**출판등록** 제2021-000049호

**주소** 경기도 화성시 동탄원천로 354-28 | **전화** 070-7672-1001
**이메일** pazit.book@gmail.com  **인스타** @pazit.book



책값은 뒤표지에 있습니다.

THE STORY FILLS YOU
책으로 펴내고 싶은 이야기가 있다면, 원고를 메일로 보내 주세요.
파지트는 당신의 이야기를 기다리고 있습니다.